AF397105

L'AGRICULTURE

ET LE

PHOSPHATE DE CHAUX

NOTICE

Sur les travaux et sur les Recherches de M. Ch. De Molon

avec Pièces justificatives

> La culture de la terre a sur toutes choses un avantage tel, qu'un roi même est asservi aux champs.
>
> ECCLÉSIASTE.
>
> Les anciens regardèrent la découverte des Engrais comme un objet si important qu'ils l'attribuaient à Saturne.
>
> MACROB. *Saturn.*, L. I, c. VII.
>
> Celui qui a fait venir deux brins d'herbe là où il n'y en avait qu'un, a mérité la reconnaissance de son pays.
>
> PLATON.
>
> Un progrès en Agriculture équivaut à dix progrès dans les autres industries.
>
> DUPIN.

COULOMMIERS

TYPOGRAPHIE ALBERT PONSOT ET P. BRODARD

1877

L'AGRICULTURE

ET LE

PHOSPHATE DE CHAUX

NOTICE

Sur les travaux et sur les Recherches de M. Ch. De Molon

avec Pièces justificatives

La culture de la terre a sur toutes choses un avantage tel, qu'un roi même est asservi aux champs.

ECCLÉSIASTE.

Les anciens regardèrent la découverte des Engrais comme un objet si important qu'ils l'attribuaient à Saturne.

MACROB. *Saturn.*, L. I, c. VII.

Celui qui a fait venir deux brins d'herbe là où il n'y en avait qu'un, a mérité la reconnaissance de son pays.

PLATON.

Un progrès en Agriculture équivaut à dix progrès dans les autres industries.

DUPIN.

COULOMMIERS

TYPOGRAPHIE ALBERT PONSOT ET P. BRODARD

1877

TABLE DES MATIÈRES

Paris, le 1ᵉʳ Mai 1873.

A Monsieur le Président
de la Société des Agriculteurs de France.

Monsieur le Président,

Dans sa séance du 21 février dernier, l'Assemblée générale des Agriculteurs de France a bien voulu reconnaître les services que mes travaux ont rendus à l'agriculture, en émettant par acclamation, le vœu qu'une récompense nationale me soit accordée.

Un tel hommage, rendu par mes pairs, est pour moi la récompense morale la plus élevée qu'il m'était permis d'ambitionner; aussi, monsieur le Président, avais-je le devoir, en répondant au désir que vous m'en avez exprimé, de rendre compte de mes travaux et de mes découvertes, avec documents à l'appui, en faisant connaître leur point de départ, leur raison, leur but, leur étendue ainsi que les résultats agronomiques qu'ils ont permis d'obtenir.

Je m'estimerai heureux, si j'ai pu mettre mes concitoyens à même d'apprécier, avec parfaite connaissance de cause, l'importance du service qu'il m'a été donné de pouvoir rendre à mon pays, et justifier le vœu dont j'ai été honoré par la société des Agriculteurs de France.

J'ai l'honneur d'être avec un profond respect,
Monsieur le Président,
Votre très-humble et très-obéissant serviteur.

De Molon.

L'AGRICULTURE

ET LE

PHOSPHATE DE CHAUX

Quand on considère l'influence prépondérante qu'exerce la production du sol sur la puissance des États et sur le bien-être des populations, on ne peut s'empêcher de reconnaître que tout ce qui contribue à son augmentation est digne de fixer l'attention des hommes d'État et des esprits les plus éminents.

Le chiffre de notre population s'élève régulièrement et la consommation s'accroît dans une proportion plus grande ; l'insuffisance de notre production devient annuellement plus évidente et plus sensible ; pour répondre aux nécessités les plus pressantes de son alimentation, la France est obligée d'exporter d'immenses capitaux. La rareté des denrées alimentaires, leur cherté, l'exportation périodique de numéraire, qui s'engendrent logiquement, ont aussi pour conséquence ces crises financières et industrielles dont souffre si cruellement le pays.

Cette situation crée des dangers qui ne peuvent se prolonger sans dommages graves. Élever normalement les produits de la terre au niveau des besoins généraux serait évidemment le remède efficace à une telle situation.

Ce résultat est il possible?

Ce n'est pas d'aujourd'hui que les esprits les plus éminents ont été frappés de cette situation ; nous voyons, en effet, dans les ordonnances de Sully, de Colbert et de Turgot, les traces profondes de cette préoccupation qui se trahit par des alternatives de liberté et de prohibition plus ou moins absolues dans le commerce des grains, et nous avons vu que, quels qu'aient été les divers systèmes adoptés par ces grands hommes d'État, le mal n'en est pas moins allé en augmentant.

C'est que le problème à résoudre, n'est pas seulement une affaire de commerce, mais est, avant tout, une question de production.

Le célèbre Vauban l'avait admirablement pressenti, lorsqu'il écrivait ces remarquables et prophétiques paroles :

« On s'est aperçu que les biens de campagne ren-
« dent moins qu'ils ne rendaient autrefois ; *peu de*
« *personnes ont pris la peine d'examiner à fond*

« *quelles sont les causes de cette diminution qui*
« *se fera sentir de plus en plus si on n'y apporte*
« *le remède convenable* (1). »

Ces causes étant restées jusqu'ici ignorées, on n'a pu appliquer le *remède convenable* qu'appelait la prévoyance de l'illustre ingénieur.

Cependant la simple observation des besoins journaliers de la culture aurait dû, depuis longtemps, conduire les agronomes à reconnaître les motifs de cette diminution, car ils tiennent au principe même de toute production ; n'est-il pas, en effet, constant que la fertilité est une qualité pondérable, définie, susceptible d'augmentation et de diminution et que le sol ne peut produire indéfiniment de lui-même ? DONC RENDRE A LA TERRE CE QU'ON LUI PREND, OU LUI APPORTER CE QUI LUI MANQUE, tel est le principe évident, incontestable, sur lequel doit être basé tout système d'agriculture, pour conserver ou donner au sol un état de fertilité normal.

Eh bien ! qu'a-t-on fait dans ce but ? à quel système d'économie matérielle s'est-on arrêté ? sur quel principe exact a-t-on basé l'assurance, due au pays, que la source du bien-être général ne courait pas risque de se tarir ? sur aucun encore ! chacun s'est ingénié à perfectionner les instruments de labou-

(1) De la Dîme royale.

rage, à demander aux couches inférieures du sol, les éléments de production dont les couches supérieures étaient épuisées ; à combiner des assolements basés sur les exigences différentes des plantes, de manière à obtenir le plus possible de la terre sans rien lui restituer, à trouver des moyens de culture plus simples, plus économiques, à drainer, à irriguer son sol ; mais personne ne s'est occupé de résoudre le problème des conditions de la production et de la conservation de sa fertilité !

Tel était l'objet de mes études et de mes constantes préoccupations lorsqu'en **1836**, l'observation des faits recueillis pendant plusieurs années de pratique, appela mon attention sur l'importance du rôle que jouent les substances minérales dans les phénomènes de la végétation ; dès lors je pensai que la recherche de l'origine des éléments de la vie des plantes et des sources de leur alimentation pouvait avoir une grande utilité.

Dejà la chimie commençait à analyser les cendres des végétaux et y constatait la présence de substances alcalines et terreuses, de divers sels minéraux et principalement du phosphate de chaux.

Ces faits me parurent avoir une telle importance que je n'hésitai pas à poursuivre mes études et mes recherches dans cette voie ; je fis analyser dans les laboratoires de l'École des mines, des Ponts-et-Chaus-

sées, de l'École Normale, du Conservatoire des Arts
et Métiers, de divers autres encore, et enfin, en Angleterre, la plupart des plantes cultivées sous notre
climat. Cette investigation eut, pour premier résultat, de me faire connaître que les cendres de tous
les végétaux sont invariablement composées des
mêmes substances minérales dont les proportions
seules diffèrent, suivant les espèces.

Parmi les principes constitutifs des plantes, il en
est toutefois qui ne peuvent faire défaut dans le sol
d'une manière absolue, soit à cause de leur abondance, soit parce que la nature se charge de combler
le vide que la végétation y occasionne. Ainsi le carbone, l'oxygène, l'hydrogène et l'azote ne manque-
ront jamais aux plantes tant qu'il y aura de l'eau et
de l'acide carbonique dans la terre et dans l'air, tant
qu'il y aura des orages, des vents et des pluies, tant
que le sol arable sera le siége de la nitrification de
l'azote de l'atmosphère. La magnésie, la silice, les
chlorures et les sulfates alcalins, ne feront jamais
défaut à la végétation au point de la rendre impossible, car quelques-uns de ces principes abondent
dans le sol et d'autres y sont apportés par les pluies
et le mouvement même des eaux.

Mais les phosphates! outre que dès le principe la
nature ne les a pas prodigués à notre globe, on n'en
trouve ni dans les eaux pluviales ni dans l'air, de

façon qu'on ne voit pas comment il pourrait s'en introduire naturellement dans le sol dès qu'une cause quelconque les en aurait soustraits; cependant puisqu'ils sont un élément indispensable de tous les végétaux, la culture rend évidemment leur épuisement inévitable; c'est là ce qui explique la stérilité actuelle de certaines contrées jadis fertiles. Pourquoi les plaines de la Sicile, certaines parties de la Grèce, de l'Asie-Mineure et de l'Afrique septentrionale, qui étaient autrefois les greniers de l'Italie; pourquoi presque tous les vieux états de l'est de l'Amérique, terrains vierges qui ne sont cultivés que depuis quelques siècles et qui étonnaient l'Europe par leur fertilité; pourquoi, dis-je, toutes ces contrées sont-elles devenues stériles? pourquoi, en Virginie, de vastes étendues de terrain sont-elles déjà si épuisées qu'on ne les cultive plus? Pourtant leur climat n'est pas devenu inclément, l'air qui les entoure et l'eau qui les baigne sont toujours les mêmes; il faut donc qu'un changement soit intervenu dans le sol de ces pays, il faut qu'il se soit appauvri d'un principe que le jeu régulier des agents naturels ne peut pas réintégrer.

Le résultat définitif et immanquable des cultures est d'enlever et de porter loin de leur place naturelle les principes fertilisants accumulés à la surface du sol par le travail séculaire de la végétation. Tous les produits du sol ne sont pas, en effet, consommés sur place. Une grande partie des denrées est portée au marché ; les fourrages eux-mêmes, qui sont consommés par le bétail de la ferme, ne passent pas entièrement dans le fumier, puisqu'une quantité notable est exportée sous forme de lait et de viande.

Si l'on ajoute que les terres, par cela même qu'elles sont cultivées, abandonnent aux eaux pluviales une portion d'elles-mêmes beaucoup plus grande que les terres incultes, et que les phosphates qui s'y trouvent vont s'engloutir pour toujours dans les abîmes de l'Océan ; si l'on ajoute encore que les phosphates absorbés par les populations sont perdus pour la terre, puisque le respect que l'on doit aux tombeaux interdit d'y porter la main, on voit combien de causes concourent à la déperdition des phosphates indispensables au sol que l'homme cultive.

L'idée de l'application du phosphate des os a donc été une de celles que la Providence envoie à l'homme quand elle veut lui rappeler qu'elle ne cesse jamais de veiller sur lui. Cette idée a en effet pour résultat d'éloigner les peuples civilisés de l'abîme vers lequel la fatalité les entraîne.

Cet abîme, la stérilité future du sol, est toujours menaçant, car les dépôts de phosphates animaux dans lesquels l'agriculture puise, depuis quelques années à peine, s'épuisent rapidement.

Il est donc urgent d'en trouver de nouvelles sources qui nous éloignent à jamais du danger qui nous menace; cette nécessité apparaît impérieuse quand on voit que partout en Europe on a épuisé les ossements qu'on pouvait consacrer à l'agriculture; quand on pense que l'Angleterre est allée en chercher sur tous les points du globe, que les champs de bataille eux-mêmes ont été fouillés et que, malgré tant d'efforts, l'élévation de leur prix nous dit assez qu'ils deviennent de jour en jour plus rares.

La question est donc de savoir où trouver une source de phosphates assez abondante pour que l'agriculture puisse y puiser au prorata de ses besoins sans avoir jamais à craindre de la tarir.

Tel a été le problème à la solution duquel j'ai consacré ma vie et ma fortune.

Mes premières études s'étaient portées sur la recherche des dépôts calcaires du littoral de la Bretagne et de la Normandie, depuis l'embouchure de la Loire jusqu'à celle de la Seine, j'y signalai un grand nombre de bancs de maerls, polypiers, madrépores, tangues, tress, sables coquillers et marnes calcaires, jusqu'alors inconnus, et imprimai ainsi une nouvelle activité à l'utilisation de ces matières très-riches en carbonate de chaux. *On ne peut évaluer aujourd'hui à moins de six millions de mètres cubes la quantité de ces apports marins que les cultivateurs utilisent annuellement* (1).

J'avais ensuite pensé à demander, aux débris, ossements et arêtes de poissons provenant des grandes pêches maritimes, particulièrement de celles des côtes de Terre-Neuve et d'Islande, le phosphate de chaux et les matières organiques azotées renfermés dans ces débris.

Pour connaître les ressources que l'agriculture pouvait espérer de ce côté, j'affrétai spécialement dans ce but, le navire le *Neptune* du port de Saint-Malo, et l'un de mes frères voulut bien se charger d'aller faire cette exploration, qui eut pour résultat de constater que la quantité de débris de poissons, abandonnée chaque année et accumulée sur les *graves* de Terre-Neuve, est *considérable* et qu'elle peut être facilement et avantageusement utilisée. Mon frère en rapporta un chargement d'environ 200 tonneaux et l'emploi agricole qui en fut fait, démontra que la puissance fertilisante de ces matières, simplement séchées et pulvérisées, était au moins

(1) Voir ma déposition dans l'enquête officielle sur les engrais industriels. (T. I, pages 583 et suivantes.)

équivalente à celle du guano du Pérou. (Voir l'Annexe, pages XIII et suivantes.)

Mais ces résultats, si utiles et si importants qu'ils fussent, étaient encore loin de me satisfaire.

On venait de découvrir à Logrosan, dans l'Estramadure (Espagne), des gisements d'apatite, ou phosphate de chaux cristallin. En Angleterre on avait également signalé l'existence de la chaux phosphatée et, en France, MM. les ingénieurs des mines Berthier, Dufrénoy, et Élie de Beaumont en avaient fait connaître quelques indices, sans toutefois avoir paru soupçonner l'existence de gites réguliers susceptibles d'exploitation ; personne n'était donc encore sur la voie de la découverte de ces vastes gisements que j'ai suivis, depuis la plage de Wissaut (Pas-de-Calais) jusque dans la vallée d'Antibes (Alpes-Maritimes), sans, pour ainsi dire, en perdre la trace, *soit sur une longueur d'environ* 1100 *kilomètres.*

Les paroles suivantes, prononcées par M. Dumas dans un discours à l'Académie de médecine, avaient été pour moi une révélation :

« Les os abandonnés à eux-mêmes sur le sol, se
« divisent peu à peu et disparaissent; quelle est la
« force nouvelle qui intervient pour en dissoudre les
« éléments? D'après mes expériences, c'est l'eau, non
« pas l'eau pure, le phosphate des os y est insoluble;
« mais l'eau chargée d'acide carbonique, celle des

« pluies, des sources, celle en un mot qui baigne
« partout le sol. A la faveur de cet acide carbonique,
« le phosphate de chaux se dissout, les os se désa-
« grégent et les derniers vestiges de la vie animale
« disparaissent. »

Je me demandai aussitôt, ce qu'avait pu devenir,
où pouvait se rencontrer, le phosphate de chaux de
la charpente osseuse des animaux antédiluviens qui
ont péri sur les rivages des anciennes mers, notamment de celles des époques jurassique et crétacée.

Dès lors les indices de phosphate de chaux qui
avaient été signalés par MM. les ingénieurs des
mines, prirent à mes yeux une importance beaucoup plus grande que celle qu'ils paraissaient y avoir
attachée eux-mêmes. Ces indices pouvaient, en effet,
me mettre sur la trace de gisements susceptibles
d'exploitation.

La question ainsi posée entraînait des recherches
immenses et d'énormes sacrifices de temps et d'argent ; mais le but à atteindre était si grand que je
n'hésitai point à y consacrer toute mon activité.

Je n'entrerai pas dans le détail des travaux auxquels je me suis livré pendant plus de vingt années ; je
me bornerai à dire qu'un premier examen sommaire,
qui embrassa 39 départements, augmenta d'abord
dans une proportion très-considérable le nombre

des indices qui pouvaient me servir à établir l'existence des gîtes réguliers de chaux phosphatée que je
cherchais.

Un second examen plus approfondi et appliqué
seulement à onze des départements que j'avais d'a-
bord visités, une observation plus attentive des circonstances de gisements dans lesquelles se trouvaient placés les divers indices reconnus, me firent
voir que des liens de continuité existaient entre eux;
des recherches persévérantes, des fouilles et des
sondages multipliés, exécutés dans le voisinage des
lignes d'affleurement, confirmèrent constamment le
fait et mirent en évidence l'existence de gisements
réguliers.

Ces gîtes appartiennent tous au terrain crétacé
inférieur et sont répandus en très-grand nombre,
d'abord dans tout le pourtour du mamelon jurassique du Boulonnais, et ensuite dans les parties des
départements des Ardennes, de la Meuse, de la
Marne, de la Haute-Marne, de l'Aube et de l'Yonne
qui s'étendent de Novion-Porcien à Saint-Florentin,
suivant une zone d'environ 400 kilomètres de longueur, sur une largeur moyenne de 10 kilomètres au
moins; leur surface minimum est donc de 4000 kilomètres carrés. Sur le plus grand nombre des points
l'extraction est facile et l'abondance inépuisable.
(Voir l'Annexe, pages xxix et suivantes).

Une nouvelle richesse nationale considérable était donc découverte.

Tel était, en 1855, le résultat auquel j'étais parvenu après vingt ans de travaux pénibles et de recherches coûteuses.

Pendant cette longue suite d'années, non-seulement je n'avais reçu aucun encouragement, aucune espèce de concours, mais encore j'avais tenu à honneur de conserver le silence le plus absolu sur le but que je poursuivais. L'illustre et regretté savant Élie de Beaumont avait été le seul auquel j'avais confié le secret de mes recherches et le seul aussi dont les conseils toujours bienveillants m'avaient aidé dans l'accomplissement de mon œuvre.

Dès lors que je pouvais subvenir par moi-même aux dépenses qu'exigeaient mes recherches, il me suffisait d'avoir la conviction qu'elles satisferaient à un grand intérêt public, pour m'y consacrer tout entier.

Certain désormais d'avoir trouvé une source inépuisable de phosphate de chaux, je voulus immédiatement en faire l'expérience pratique.

Mais ici se présentait une question d'une haute importance. Sous quelle forme et dans quelle condition devais-je présenter ce phosphate à l'agriculture, pour qu'il produisît les résultats que j'en espérais.

Dans ma conviction la forme la plus simple devait être la meilleure.

Je me bornai donc à réduire les nodules phosphatés en poudre très-fine, persuadé que cette simple division mécanique suffirait pour permettre aux plantes de s'en assimiler les éléments; n'est-ce pas ainsi que procède la nature? Avant qu'on eût rendu au sol du phosphate de chaux sous forme de noir animal, d'os broyés, ou de guano, avant même qu'on se fût servi d'engrais, on obtenait des récoltes, et ces récoltes, pour se produire, avaient dû nécessairement trouvé dans la terre du phosphate de chaux; or, ce phosphate de chaux ne pouvait provenir que des roches dont la désagrégation s'était produite sous les influences atmosphériques. C'était de l'apatite ou de la phosphorite, au moins dans les terrains cristallisés, et cependant les acides naturels de la couche arable suffisaient à le rendre assimilable aux plantes.

J'avais d'ailleurs remarqué que les nodules extraits du sol depuis un certain temps, et exposés à l'air, se délitaient facilement et que la poudre de ces nodules s'échauffait, lorsqu'elle restait quelque temps entassée; d'un autre côté, l'analyse chimique m'avait révélé que ce phosphate minéral contenait encore des matières organiques et en moyenne 5 à 6 $^o/_o$ de phosphate de fer.

Ces remarques achevèrent de me convaincre; je

savais, en effet, que, lorsque les roches sont douées d'une certaine porosité, l'eau, en raison de sa fluidité, s'infiltre dans leurs fissures et pénètre dans la masse; que si, par un abaissement de température, l'eau vient ensuite à se congéler, elle écarte, en se dilatant, les molécules minérales et détruit leur cohésion. Je savais aussi, qu'aux causes mécaniques de la destruction des roches, s'ajoute encore une action chimique dépendante des influences météorologiques, laquelle s'exerce avec une grande énergie sur leurs éléments constitutifs.

C'est ainsi que sous l'action de l'oxygène et de l'acide carbonique certains granites se décomposent avec une rapidité étonnante. Le feldspath et le mica, par exemple, se transforment, *en mettant en liberté les sels alcalins qu'ils contiennent*, en une substance argileuse que les minéralogistes désignent sous le nom de kaolin.

D'autres granites, au contraire, résistent, pour ainsi dire, éternellement, aux mêmes agents de destruction.

Si au nombre des premiers, nous pouvons citer ceux de la Haute-Vienne, des Côtes-du-Nord, du Finistère et du Morbihan, dans lesquels on peut suivre les modifications du feldspath jusqu'à une profondeur de plus de cent mètres; on rencontre, au sein même de ces roches altérées, des masses qui ont ré-

sisté à l'action décomposante du sol et de l'atmosphère, en conservant toute leur dureté et leur frai-
cheur.

Ainsi, dans la presqu'île armoricaine, à côté des
granites décomposés de la baie de Bertheaume
(Goulet de Brest), se trouve celui de Laber, dont
nous avons un échantillon sous les yeux, dans le
socle de l'obélisque de la place de la Concorde, et
qui résistera probablement aux agents de destruction, autant que l'obélisque de la place St-Jean de
Latran, à Rome, taillé à Syène sous le règne d'un
roi de Thèbes, 1,300 ans avant l'ère chrétienne ; ou
encore, que celui de la place St-Pierre, consacré au
Soleil, par un fils de Sésostris, il y a plus de 3000 ans.

Si donc il existe dans la constitution moléculaire
des roches cristallines, des différences telles, que les
unes se désagrégent facilement par la seule action
des agents atmosphériques, tandis que les autres
résistent éternellement à cette même action, il devait
en être ainsi pour les Roches phosphatées.

Par tous ces motifs j'étais fondé à croire que si la
pulvérisation mécanique des apatites et phospho-
rites, telles que celles de Logrozan (Estramadure),
était insuffisante pour les rendre solubles dans le
sol et que, pour les utiliser, il était nécessaire de les
dénaturer au moyen de réactifs puissants, il pouvait
n'en être pas ainsi, pour les phosphates concrétion-

nés, que j'avais découverts dans les terrains sédi-
mentaires, et qui avaient été certainement orga-
nisés.

Cependant avant d'engager les agriculteurs à faire
usage de ces phosphates, à l'état de poudre naturelle,
je voulus m'assurer, par des expériences directes,
de leur efficacité.

Mes premières applications eurent lieu dans la
propriété de Menez-ru (Finistère), appartenant à mon
frère, au mois de mai 1855, sur une récolte de sarra-
zin; au mois de juin, sur des choux branchus et des
rutabagas, et, à la fin d'octobre de la même année,
sur une avoine d'hiver; au printemps suivant, j'en
continuai l'emploi sur du blé et des avoines. Les résultats obtenus ayant dépassé toutes mes espérances,
je ne craignis plus d'affirmer l'efficacité de ce phosphate simplement pulvérisé.

Mais aussitôt des critiques violentes s'élevèrent
de tous côtés.

La presse agricole, loin de m'aider à vaincre les
répugnances des cultivateurs, attaqua ce nouvel engrais avec une violence que rien ne pouvait justifier,
et alla jusqu'à dire que le phophate fossile, n'étant
qu'un LEURRE *tendu à la bonne foi des agriculteurs, constituait une fraude coupable qu'il fallait dénoncer au nom des intérêts agricoles menacés;* enfin que cette industrie périrait honteusement.

L'Académie des sciences, elle-même, enregistra, en les approuvant, des communications de chimistes essayeurs d'engrais du commerce, qui prétendaient que ces phosphates n'étaient d'aucune utilité en agriculture (voir l'Annexe, pages XLVII et suivantes).

Cependant la science se prononça par la voix d'un illustre savant : M. Elie de Beaumont fit paraître un remarquable travail sur l'utilité agricole et les gisements géologiques du phosphate (voir le Moniteur universel des 26 et 27 mars, 18 et 28 juillet 1857), dans lequel il dévoila le rôle fondamental que joue cet élément dans la vie végétale, exposa les causes et les dangers de son épuisement et fit comprendre la nécessité de remplacer la quantité qui est fatalement soustraite au sol chaque année pour aller se perdre dans l'Océan.

« La somme totale des productions agricoles qu'un
« pays peut fournir, disait le célèbre académicien,
« la somme totale de viande, de grain, de légumes,
« qu'il peut livrer à la consommation, dépend surtout
« de la quantité de phosphate de chaux qui se trouve
« engagée dans la masse de la matière organique ou
« agricole. .   .   .   .

.   .   .   .

..... « La réparation des pertes annuelles de
« phosphate, est un travail nécessairement imposé

« à l'agriculture, travail qui jusqu'à ce moment n'a
« pas été compris et n'a pu être exécuté que d'une
« manière très-imparfaite......; » et plus loin :

« On comprend que, là où le phosphate de chaux
« aurait disparu, toute végétation serait impossible;
« que les substances azotées, cette manne agricole
« qui tombe de l'atmosphère, ne pourraient qu'im-
« prégner le sol et le rendre salin, comme celui de
« certains déserts, à moins que, pour rendre la cul-
« ture possible, on n'ouvrît des mines de phosphate
« de même que, dans le Sahara, on creuse des
« puits artésiens. Comme l'a remarqué avec raison
« M. Dumas, le programme de la Théorie est essen-
« tiellement de rendre à la terre les matières azotées
« et les phosphates qui lui manquent ou qu'elle
« peut avoir perdus.

« Mais si cette théorie n'a plus de mystères pour
« la science, elle n'est pas encore à la portée des
« simples agriculteurs, dont on exploite l'inexpé-
« rience en leur vendant des engrais frelatés qui sont
« bien la pire espèce d'*orviétan* que le génie de la
« fraude ait jamais inventé. Si un cheval ne peut
« se plaindre de sa ration, un champ de blé le peut
« moins encore. De nombreux millions sont extor-
« qués, chaque année, à de pauvres laboureurs, par
« cette honteuse industrie à laquelle la chimie char-
« gée, à cet égard, d'un rôle officiel, pourra seule

« mettre un terme. (Voir l'Annexe, pages VI et sui-

« vantes.).   .   .   .   .

.   .   .   .

..... « Si l'on réflechit à ce que pourrait devenir

« un jour le besoin de phosphate de chaux, lorsque

« l'épuisement général des terres sera plus sensible

« et mieux apprécié, on comprendra que LA DÉCOU-

« VERTE DE CETTE SUBSTANCE DANS L'INTÉRIEUR DE LA

« TERRE, SERAIT UN IMMENSE SERVICE RENDU A L'AGRI-

« CULTURE.   .   .   .   .

.   .   .   .

..... « Pour rendre à la terre la vigueur végétative

« qu'elle possédait du temps des Celtes et des Gau-

« lois, il faudrait que l'exploitation des couches qui

« contiennent du phosphate de chaux, DEVINT UNE

« DES BRANCHES LES PLUS IMPORTANTES DE L'INDUSTRIE

« MINÉRALE.

« Colbert avait dit que la France périrait faute de

« forêts, et tout le monde conçoit que sans la houille

« sa prédiction serait en voie de s'accomplir. De son

« temps on aurait moins facilement compris com-

« ment un grand pays pourrait périr faute de phos-

« phate; c'est cependant ce qui finirait par arriver

« si on ne parvenait pas à trouver dans la nature

« minérale, une substance qui serait en quelque

« sorte pour l'agriculture ce que la houille est pour

« l'industrie. Toutefois la similitude ne serait pas
« complète entre ces deux emprunts faits au sous-
« sol. L'industrie, en tirant la chaleur, dont elle a
« besoin, de la houille formée des débris de végétaux
« qui n'existent plus, rend leur carbone à l'atmos-
« phère et complète à leur égard l'œuvre de la des-
« truction. L'agriculture, au contraire, en utilisant
« les phosphates concrétionnés, en nodules, dans cer-
« taines couches géologiques, ferait rentrer dans le
« tourbillon organique les restes des races éteintes,
« et rendrait à la vie sous une forme nouvelle, la
« poussière des iguanodons, des mosasaures, des
« poissons anté-diluviens, merveille digne d'être
« comptée parmi celles d'une époque où l'on se
« parle à travers l'océan, où l'homme, le bœuf, le
« roc lui-même, sont transportés avec la vitesse des
« oiseaux. »

Ainsi se trouvait confirmé, de la manière la plus
éclatante, tout ce que j'avais dit et écrit sur les services que la découverte des phosphates de chaux est
appelée à rendre à l'agriculture.

D'un autre côté l'éminent doyen de l'Académie
de Rennes, M. Malagutti, professeur de chimie
agricole, après s'être rendu compte des premiers
résultats obtenus, écrivait :

« Aujourd'hui que la question d'assimilation du

« phosphate fossile, à l'état de poudre naturelle, a
« été résolue et que son application aux défriche-
« ments et aux terres depuis longtemps en culture,
« ne permet plus de douter de ses bons effets, la
« presse agricole commettrait un crime de *lèse-*
« *humanité* si elle continuait à se taire.

« L'INDIFFÉRENCE A L'ÉGARD D'UNE DÉCOUVERTE
« AUSSI PRÉCIEUSE, CONSTITUE, A MES YEUX, UNE
« ANOMALIE DONT LA POSTÉRITÉ NE MANQUERA PAS
« DE S'ÉTONNER. »

M. Bobierre, professeur de chimie agricole et
vérificateur des engrais à Nantes, disait également
dans son rapport au Conseil général de la Loire-
Inférieure :

« D'après mes propres expériences et celles que
« j'ai été appelé à suivre, je ne crains pas d'affirmer
« que l'exploitation des gisements de phosphate de
« chaux, découverte par M. de Molon, ne motive
« avant peu un progrès agricole beaucoup plus im-
« portant que celui causé par la découverte des gise-
« ments de guano dans le Pérou. — Cette question du
« phosphate fossile a eu contre elle le rire niais de
« la vieille routine et, cependant, elle fait trou dans
« l'opinion et conquiert une large place au domaine
« du succès. Elle avait le tort d'être neuve, mais
« c'est un tort dont chaque jour tend à la guérir.
« Nous le répétons, ELLE CONSTITUE CERTAINEMENT

« LE PROBLÈME LE PLUS IMPORTANT DE L'INDUSTRIE
« AGRICOLE MODERNE. » (Voir l'Annexe, pages XLV et
suivantes.)

Sans doute, une semblable intervention et des
témoignages d'autorités si compétentes auraient dû
faire naître la confiance et rendre ma tâche plus
facile ; mais, outre qu'ils ne parvenaient à la connaissance que d'un petit nombre d'agriculteurs, on sait
combien la routine est persistante et les cultivateurs
rebelles aux conseils de la science.

D'un autre côté l'indifférence de la presse agricole
et de la Direction de l'agriculture n'en continuait
pas moins.

L'expérience, répétée dans chaque contrée, pouvait
seule vaincre la résistance des uns à l'opposition des
autres ; sans doute, les résultats acquis me servaient
de point d'appui, mais ce n'était que peu à peu et
au moyen de sollicitations directes, pressantes et
de sacrifices considérables, que je pouvais y parvenir.

Je crois qu'il n'existe pas de tâche plus pénible et
plus difficile que celle de vulgariser, parmi les cultivateurs, qui ne lisent, en général, pas plus qu'ils
n'écrivent, et ne croient qu'à ce qu'ils voient, une
chose nouvelle, quel que soit l'avantage qu'ils puissent en retirer, surtout lorsqu'il faut en payer le
prix,

J'avais, en outre, à combattre des ennemis redou-
tables qui faisaient une guerre d'autant plus acharnée
au phosphate de chaux fossile, qu'ils savaient que, le
jour où cet engrais serait admis dans les usages
ordinaires de la culture, leur commerce serait frappé
de mort.

Ces ennemis étaient les nombreux marchands
dont le commerce consiste dans la falsification des
engrais industriels : « hommes avides et sans foi,
« suivant l'expression de M. de Mortemart, au Corps
« législatif (session de 1851), qui exploitent d'une
« désastreuse manière la crédulité et les besoins des
« cultivateurs, et qui, au milieu de ces déceptions,
« obtiennent un résultat constant, celui de gagner
« de 750 à 1000 p. 0/0 et même au delà. » (Voir
l'Annexe, pages vi et suivantes.)

Je n'ai reculé devant aucun obstacle pour atteindre
mon but, et, afin qu'on puisse apprécier l'étendue
de mes sacrifices, il me suffira de dire que, depuis
le mois d'avril 1855 jusqu'au mois de juin 1861, j'ai
fait livrer 34,211,000 kilogrammes de phosphate de
chaux à l'agriculture, une petite partie, au prix de
5 francs les 100 kilos, qui me revenaient à 9 francs,
et la plus grande partie gratuitement ; encore étais-je
souvent obligé de me porter garant des récoltes. (Voir
l'Annexe, pages xl et suivantes.)

Mes efforts pour l'utilisation du phosphate de

chaux ne se bornèrent pas à ces sacrifices, je cherchai dans diverses publications (voir notamment le
Moniteur universel des 21, 22, 27 novembre et
30 décembre 1859), à expliquer le rôle si important
qu'il joue dans la vie animale et végétale, ainsi que
le danger de son épuisement.

D'un autre côté, m'appuyant sur l'opinion d'un
illustre savant, le baron J. Liebig, j'essayai notamment de faire comprendre que si la culture de la
pomme de terre, dans les conditions où elle a été faite,
a rendu d'immenses services à l'alimentation publique, elle n'a pas moins entraîné à sa suite deux graves
inconvénients : D'abord elle a empêché le continent
de s'apercevoir du marché de dupe qu'il faisait en
troquant son phosphate de chaux, sous la forme
d'os, contre de l'or anglais. Sans la quiétude inspirée
par la pomme de terre, on n'aurait pas tardé, si longtemps, à s'apercevoir que le pain et la viande, dont
on se nourrissait dans les Iles Britanniques, étaient
formés d'éléments enlevés au continent. Pendant
que le tiers des nations du centre de l'Europe, vivait
presque entièrement de pommes de terre et allait,
pour cela, en s'affaiblissant, la masse du peuple
anglais n'absorbait ce tubercule que comme un
appoint du pain et de la viande, et conservait sa
force et sa santé.

Il est un fait certain, c'est que depuis l'introduc-

tion de la pomme de terre, dans le régime alimentaire des peuples, la taille moyenne de l'homme
a diminué à un tel point en France et en Allemagne qu'il a fallu la réduire réglementairement
pour le service militaire. En 1789, le minimum de
la taille d'un fantassin français était de 165 centimètres; en 1818, il n'était plus que de 157 et
aujourd'hui il est de 2 centimètres de moins. En
moyenne on réformait en France jusqu'en 1870,
pour défaut de taille et de conformation, au-delà de
la moitié des conscrits.

La taille du militaire saxon en 1760 était de
178 centimètres, et aujourd'hui elle est de 155. En
Prusse, la mesure militaire est devenue la même que
celle de la France et, d'après le docteur Meyer, il résulte d'une moyenne de neuf ans, que sur 1000 conscrits, 716 sont impropres au service militaire, dont
317 pour défaut de taille et 399 pour infirmités.

On a beau attribuer notre amoindrissement physique aux grandes guerres qui, pendant les 15 premières années de ce siècle, ont ensanglanté l'Europe,
on peut répondre à cela, que les guerres meurtrières
sont aussi anciennes que l'homme, et que l'on ne
s'est jamais aperçu qu'elles aient eu pour résultat
immédiat l'étiolement de l'espèce.

« La substance osseuse, dit Liebig, qui manque
« au squelette de l'homme, en France et en Alle-

« magne, pour maintenir l'ancienne taille moyenne,
« a été exportée en Angleterre avec les os, et a
« servi à conserver au squelette du soldat et du tra-
« vailleur anglais sa dimension et sa force. »

Quoi qu'il en soit, la culture de la pomme de terre
est arrivée à propos pour éloigner une catastrophe,
et en cela elle a trouvé un auxiliaire dans les grandes
guerres de la fin du siècle dernier et du commencement de celui-ci, guerres qui ont diminué le nombre
des consommateurs.

« Si ces guerres, dit encore Liebig, n'avaient pas
« eu lieu, et si, sur le continent, la population avait
« suivi, de 1790 à 1815, une progression semblable à
« celle que l'on observe de nos jours, plusieurs
« millions d'hommes de plus auraient eu à supporter
« les famines de 1816 et de 1817, et celui qui se
« rappelle ces années désastreuses, admettra, sans
« peine, que certains pays d'Europe eussent alors
« vu se dérouler des scènes d'horreur que le moyen-
« âge n'a jamais connues.

Deux autres causes qui ont retardé la ruine de
l'agriculture européenne, sont l'utilisation du noir
animal depuis 1832, la découverte accidentelle du
guano et son emploi comme engrais depuis 1841. (Le
noir animal renferme 65 p. 0/0 de phosphate de
chaux et le guano 25 p. 0/0 en moyenne, plus
10 p. 0/0 d'azote).

Avant d'apprécier l'influence qu'ont exercée ces découvertes sur les destinées de l'agriculture, admettons d'abord, avec Liebig, qu'en fumant à l'aide du guano, on obtient, pour chaque kilogramme de cette substance, en quatre ou cinq ans, 5 kilog. de blé (ou équivalent de blé, froment, orge, avoine, pommes de terre, trèfle, etc.), en sus de ce que l'on aurait obtenu sans cet auxiliaire. Cela admis, il faut se rappeler que, d'après les documents officiels, la quantité de guano importée en Europe depuis sa découverte, s'élève à plus de 12 millions de tonnes. Il suit de là que dans l'espace de 35 ans les terres cultivées de l'Europe ont donné un produit supérieur de 60 MILLIONS DE TONNES DE BLÉ, ou de ses équivalents, à celui qu'elles auraient pu fournir par la seule application du fumier. Il résulte de ce qui précède que, pendant le même temps, plusieurs millions d'individus ont trouvé leur nourriture complète dans cet apport d'engrais étranger.

Mais ces ressources deviennent de plus en plus insuffisantes : les gisements de guano seront bientôt épuisés, et on se ferait une grande illusion si l'on comptait sur la formation de nouveaux dépôts ; il faudrait pour cela des milliers d'années, en supposant encore que les animaux producteurs de guano se trouvent, pour l'avenir, dans les mêmes conditions que par le passé.

Les cultivateurs anglais ont mieux et plus tôt compris que les nôtres la nécessité des engrais minéraux. M. Cuthberg W. Johnson, dans son discours au club central des fermiers, prononçait, en effet, dès 1863, les paroles suivantes :

« Notre population augmente à raison de mille « bouches par jour, et il n'y a qu'un seul moyen de « tenir tête à cet accroissement, c'est de produire un « supplément de récoltes. On ne peut augmenter la « production qu'en développant l'emploi des engrais « dits industriels, c'est-à-dire d'engrais obtenus en « dehors de la ferme; de bons agriculteurs prati- « ciens ont posé en fait, qu'une terre ne peut désor- « mais être cultivée avec profit, en Angleterre, à « moins d'une application annuelle de 78 à 80 francs « d'engrais artificiels à l'hectare. En ce moment, le « débours des fermiers anglais, pour cet objet, ne se « monte pas, en moyenne générale, à plus de 15 « francs par hectare, et, par conséquent, ils n'em- « ploient pas un cinquième de la quantité d'engrais « artificiels que le sol devrait recevoir. »

J'avais fait paraître, dans le Moniteur universel, en 1859, sous le titre : FERTILISATION DU SOL PAR LE PHOSPHATE DE CHAUX FOSSILE, une série d'articles que je fis réunir en brochure. Cette publication eut pour effet d'attirer l'attention d'un grand nombre de savants et d'agriculteurs sur cette question.

Sachant que le Ministère de l'agriculture disposait d'un fonds spécial, pour encourager et répandre dans le monde agricole, toutes les publications qui pouvaient lui être utiles, je demandai à M. le Directeur de l'agriculture, de vouloir bien souscrire, suivant l'usage en pareille circonstance, à un certain nombre d'exemplaires pour m'aider à payer les six mille que je venais de faire tirer par les presses du Moniteur. M. le Directeur me refusa, en me disant que, malgré la sanction d'autorités scientifiques, la pratique ne s'était pas encore suffisamment prononcée sur l'utilité agricole des phosphates que j'avais découverts; qu'il ne pouvait, en conséquence, engager officiellement sa responsabilité en contribuant à propager un enseignement qui pouvait être erroné.

A cette époque (1860), eut lieu, au Palais de l'Industrie, une exposition générale d'agriculture; c'était une circonstance des plus favorables à la vulgarisation du phosphate fossile. J'y exposai les plans de gisements que j'avais découverts, des nodules des phosphates de chaux naturels et pulvérisés, et enfin les fossiles caractéristiques des étages géologiques où ils existent.

Le Jury de l'Exposition me décerna la grande médaille d'honneur et émit à l'unanimité le vœu qu'une récompense nationale me fût accordée. Ce fut le premier hommage rendu à l'importance de la découverte des gisements de phosphate de chaux fossile.

A partir de cette époque les idées semblèrent se modifier à la direction de l'agriculture et devenir plus favorables. Le premier témoignage qui m'en fut donné, fut la demande que me fit le Directeur d'un certain nombre d'exemplaires de la petite brochure à la publication de laquelle il avait d'abord refusé de concourir. Je lui en fis remettre 600 exemplaires à titre gratuit.

Bientôt les demandes de phosphate fossile se multiplièrent et prirent une extension plus considérable.

D'un autre côté les propriétaires des terrains phosphatés, loin de s'opposer désormais à l'extraction des nodules, s'y prêtèrent avec d'autant plus d'empressement, qu'en outre de l'indemnité qu'ils recevaient pour le droit d'exploitation , ils avaient reconnu, qu'au lieu de nuire à leur sol, le travail de l'extraction lui donnait une perméabilité qu'il n'avait pas, et en améliorant ainsi son état physique, le rendait plus fertile.

La condition des transports était aussi entièrement modifiée : le chemin de fer des Ardennes venait d'être livré à la circulation et il traversait les principaux gisements.

Le prix du transport de la tonne de nodules, qui avait coûté 12 f. et au-delà, pour venir des lieux d'extraction au canal des Ardennes, n'était plus que de 2 f. 50 à 3 f. et quelquefois moins, pour certaines gares, d'où le transport à Paris ne coûtait pas plus cher que par le canal.

Les cultivateurs eux-mêmes et les ouvriers de la contrée, familiarisés avec le travail d'extraction, proposaient de livrer la tonne de nodules rendue en gare ou dans les lieux d'embarquement, au prix de 10 francs au lieu de 32 payés jusqu'alors.

Enfin la pulvérisation des mille kilog. de nodules, qui avait coûté 15 francs, en moyenne, pouvait être obtenue à 5 francs.

En un mot, la tonne de phosphate de chaux fossile pulvérisé qui était revenue, à Paris, au prix minimum de 90 francs, jusqu'au mois de juin 1861, n'allait plus y coûter que 55 francs, au minimum, emballage compris.

Les faits sont venus démontrer l'exactitude de mes prévisions : aujourd'hui la tonne de phosphate de chaux se vend, à Paris, au prix de 50 et même de 45 francs, emballage compris.

L'industrie des phosphates de chaux fossiles était dès lors créée de toutes pièces; des gisements inépuisables étaient découverts et les conditions de leur emploi avaient reçu, des expériences agricoles, la sanction la plus complète. (Voir l'Annexe, pages cxiii et suivantes, cv et suivantes, cliv et suivantes.)

Dans le rapport, en date du 13 juillet 1860, que M. l'Inspecteur général des mines, Élie de Beaumont, adressa, sur sa demande, à M. le ministre de l'agriculture, tant sur la situation de l'exploitation des phosphates de chaux, que sur leur utilisation par l'agriculture, on lit en effet :

« M. de Molon a familiarisé les habitants des cam-
« pagnes avec l'extraction des nodules phosphatés
« et aujourd'hui il suffirait de commandes constantes
« pour que leur exploitation devînt une industrie
« courante et lucrative.

« En outre, par une activité incessante, il a réussi
« à déterminer des agriculteurs, peu nombreux
« d'abord, mais dont le nombre s'est accru jusqu'à
« 8000, dans le court espace de quatre années, à
« essayer, dans leurs champs, l'application du phos-
« phate de chaux fossile.

« Les essais ont réussi partout, et dans le moment
« actuel, plus de 10 000 hectares de terre repartis
« sur 32 départements ont reçu comme engrais les
« phosphates de M. de Molon et en ont fait connaî-
« tre les heureux effets.

« L'utilité de l'emploi agricole des nodules de
« phosphate de chaux simplement pulvérisé, est
« donc, dès à présent, un fait constaté par des expé-

« riences assez étendues pour être regardées comme
« irréfragable par les juges les plus compétents.

« On peut même dire que l'application des phos-
« phates à l'agriculture, déjà passée dans l'ordre des
« faits pratiques par l'effet des travaux de M. de
« Molon, constitue, dès à présent, une industrie
« qui, bien qu'à l'état naissant, est déjà viable et
« assurée de ne jamais périr en France.

« Je crois, en effet, M. le Ministre, que l'agricul-
« ture française est déjà redevable à M. de Molon de
« ce service capital; mais il y aurait lieu de craindre
« que si l'industrie du phosphate était privée du
« concours de son auteur, elle ne végétât pendant
« plusieurs années.

« Votre Excellence comprendra que M. de Molon,
« privé de la totalité de sa fortune et ayant même
« contracté des emprunts pour soutenir cette opéra-
« tion, ne peut plus continuer de semblables sacrifices
« et qu'il est même menacé de succomber complé-
« tement, ainsi qu'il l'a fait connaître à Votre Excel-
« lence dès le 14 avril dernier, si le concours
« financier sur lequel il a dû compter et qui seul
« peut empêcher tout ce qu'il a d'activité, de con-
« naissances et d'expériences, d'être paralysé et
« perdu, à la fois, pour lui-même et pour le pays,
« ne lui est pas immédiatement donné.

« Il appartient à Votre Excellence de décider si

« l'Etat peut doter l'industrie des phosphates de
« chaux, d'une somme assez considérable pour la
« placer au nombre des grandes industries. »

M. Élie de Beaumont fait ensuite un calcul par
lequel il établit que, pour maintenir la fertilité normale du sol de la France, il faudrait lui restituer
annuellement DEUX MILLIONS DE TONNES de phosphate
de chaux, soit pour cent millions de francs, sans y
comprendre le prix des transports.

Selon M. Malaguti, Doyen de la faculté des sciences
à l'académie de Rennes, pour maintenir la fertilité
des terres actuellement cultivées, il faudrait leur
restituer annuellement, au moins 1,700, 000 TONNES
de phosphate de chaux, sans y comprendre la
quantité, proportionnellement plus considérable,
qu'exigerait la mise en valeur de nos 8 millions
d'hectares de terres incultes.

Enfin M. Dumas, président de l'enquête sur les
engrais industriels, dit, dans son rapport au nom
de la commission :

« Les phosphates de chaux fossiles ont été signalés
« comme devant jouer un rôle décisif dans le travail
« de fertilisation du sol : Le guano, disait-on dans
« le cours de l'enquête, n'est qu'une ressource tem-
« poraire, limitée. La découverte des phosphates
« fossiles est donc une découverte providentielle.

« Pour justifier ces appréciations, il suffit de rap-

« peler que le sol cultivé en France, a besoin,
« chaque année, d'une restitution de phosphate de
« chaux, qui atteint près de DEUX MILLIONS DE TONNES,
« *abstraction faite des contrées qui en sont natu-*
« *rellement pourvues.*

« Il ne paraîtra pas surprenant, d'après cela, que
« les terrains des Ardennes, de la Meuse et des
« autres départements où il existe des gisements de
« phosphate de chaux, offrent à l'activité nationale
« une mine dont les ressources s'élèvent à des
« sommes d'une grande importance, dans lesquelles
« le droit d'exploitation perçu par les propriétaires
« du sol, comptera pour PLUSIEURS CENTAINES DE
« MILLIONS.

« Le succès de l'emploi du phosphate de chaux
« fossile a été extraordinaire, et, quoique cet engrais
« manque d'un élément essentiel, l'azote, il est d'une
« application pleine du plus grand intérêt. » (Voir
l'Annexe, pages LXXI et suivantes.)

La consommation de phosphate qui se fait en
Angleterre et la progression qu'elle suit en France,
sont des témoignages irrécusables de l'exactitude de
ces prévisions.

Aujourd'hui, l'exploitation du phosphate de chaux
est devenue une industrie courante et considérable,
de nombreux ouvriers sont constamment occupés,
tant à ciel ouvert que souterrainement, à l'extraction

des nodules, qu'un grand nombre d'usines pulvérisent en vue des besoins agricoles.

Le phosphate de chaux fossile, hier inconnu en France, y est aujourd'hui recherché comme l'élément réparateur le plus puissant de la fertilisation du sol, et son exploitation, en apportant sur le marché un produit nouveau, a donné au commerce, à l'industrie, aux voies de transport de terre et de mer, une source nouvelle d'activité, et ouvert à l'agriculture un avenir inconnu de prospérité.

Tout ce qui constitue le mouvement agricole, industriel et commercial du pays, profite aujourd'hui du prix de mes travaux ; moi seul reste victime des sacrifices que j'ai dû faire pour parvenir à ce résultat.

EXPLOITATION INDUSTRIELLE

DES GISEMENTS

DE PHOSPHATE DE CHAUX FOSSILE

———

J'ai dit dans la première partie de cette notice (pages 19 et suivantes), qu'après une étude approfondie de l'origine et des conditions constitutives des nodules de phosphate de chaux fossile, et les résultats d'expériences agricoles comparatives faites dans un terrain de transition sur plusieurs récoltes consécutives, j'avais acquis la certitude que le mode d'emploi du phosphate de chaux des nodules, le plus simple, le moins cher et le plus favorable aux divers besoins de l'agriculture, était de les réduire par un moyen mécanique quelconque a l'état de poudre aussi fine que possible et de répandre simplement cette poudre naturelle sur le sol, avant ou au moment de son ensemencement.

Dans le but de m'assurer la propriété de ce procédé D'APPLICATION, qui a été si vivement et si universellement combattu (voir pages 23 et XLVII de l'Annexe), je pris aux dates des 22 mai 1856 et 14 mai 1857, deux brevets principaux de quinze ans pour L'APPLICATION A L'AGRICULTURE DU PHOSPHATE DE CHAUX FOSSILE A L'ÉTAT DE POUDRE NATURELLE.

La découverte de cette nouvelle richesse minérale avait eu, par le fait de ma communication à l'Académie des sciences (voir l'Annexe, page XXIX), un grand retentissement dans le monde scientifique et agricole; aussi me fut-il bientôt fait des propositions pour l'exploitation industrielle des gisements que je venais de découvrir.

Un financier, M. X., qui, ayant habité l'Angleterre, y avait appris que le phosphate de chaux des os, de l'apatite et même de nodules, appelés improprement coprolithes, y était déjà employé sur une vaste échelle, me proposa d'entreprendre avec mon concours cette exploitation au développement de laquelle il s'engageait à fournir les capitaux nécessaires, en même temps qu'il se chargeait de la direction industrielle et commerciale; ma coopération devant rester exclusivement technique et agricole.

Aucune convention ne fut écrite, ni même arrêtée entre nous pour cette première exploitation qui ne devait d'abord être qu'expérimentale. Mais M. X, ayant fait un voyage en Angleterre, en rapporta l'assurance d'un débouché qui ne devait avoir, suivant lui, d'autres limites que les quantités qu'il pourrait

faire extraire, et, comme il était déjà un des principaux entrepreneurs des vidanges de Paris et par
suite en rapport avec de nombreux marchands d'engrais, il se persuada qu'il trouverait encore de ce
côté un grand écoulement à ce nouvel élément de
fécondité des terres.

Il rechercha donc immédiatement des entrepreneurs d'extraction et bientôt il passa deux marchés
qui lui assuraient la livraison annuelle, soit dans les
bassins de la Villette (Paris), soit dans un des ports
de la Manche compris entre Rouen et Dunkerque,
d'une quantité de phosphate de chaux pouvant s'é-
lever jusqu'à concurrence de 90,000 tonnes.

Comme auteur de la découverte des gisements
qu'il s'agissait d'exploiter dans les départements de
la Meuse et des Ardennes, les entrepreneurs exigè-
rent ma signature en garantie de l'existence des
quantités de phosphate qu'ils s'engageaient à exploiter ; j'hésitai d'autant moins à la leur donner que
j'étais certain que ces gisements en renfermaient
plusieurs millions de tonnes [1].

L'on verra bientôt le parti que ces hommes tirè-
rent de ma signature.

1. Un rapport de M. Nivoit, ingénieur des mines, fait en 1873,
à la demande du conseil général du département de la Meuse,
évalue à 80 millions de tonnes la quantité de phosphate de chaux
contenue dans les gisements que j'ai signalés dans 31 communes de ce département.

A partir de cette époque, octobre 1856, les extractions de phosphate de chaux marchèrent rapidement et au 1ᵉʳ avril 1857 plusieurs milliers de tonnes étaient arrivées à la Villette (Paris), où ils étaient pulvérisés pour être livrés à l'agriculture, et un million cent mille kilogrammes avaient été expédiés en Angleterre à l'état de nodules.

Ce début avait tellement convaincu M. X. du brillant avenir réservé à cette exploitation, qu'à cette même époque, 1ᵉʳ avril, il insista pour qu'une convention régulière intervînt entre nous, convention d'après laquelle il s'engageait à fournir à l'exploitation des gisements de phosphate fossile dont je lui apportais le droit d'extraction et mes brevets d'application, un capital, qui, suivant les besoins de l'opération, pourrait s'élever jusqu'a concurrence de six millions de francs.

Je devais croire mon but atteint, les extractions de phosphate et leur pulvérisation se faisaient régulièrement, des livraisons importantes continuaient à se faire en Angleterre, tandis qu'en France la question du mode d'emploi de ce nouveau phosphate était toujours vivement discutée, tant à l'Académie des sciences que par les principaux organes de la presse agricole, qui alors exerçaient une certaine influence auprès d'un grand nombre d'agriculteurs.

Les choses en étaient là, lorsque le 15 mai, étant en Bretagne, j'appris la fuite et la déconfiture de M. X.

Cette catastrophe, si imprévue de tous, fut pour moi un coup de foudre ; elle me plaçait, en effet, dans la plus pénible et la plus difficile des situations ; je perdais la somme qui me revenait de la vente des établissements de Terre-Neuve et de Concarneau que M. X. avait encaissée et sur laquelle il me redevait 282,000 francs. Je restais ainsi, sans capital, en face d'une opération très lourde et de l'exécution de marchés considérables.

J'étais loin de croire cependant, que la situation qui m'était faite fût aussi extrême qu'elle le devint bientôt ; je devais croire en effet, que l'opération fondée sur mes découvertes et vingt années de travaux pénibles et coûteux, opération que j'avais créée de toutes pièces, devait rester ma propriété au moins en ce qui concernait mes apports. Mais j'étais loin de compte avec le syndic de la faillite de M. X., qui s'empressa d'obtenir du Tribunal de commerce un jugement qui me déclarait ASSOCIÉ DE FAIT de M. X. et, à ce titre, responsable non-seulement des sommes à payer, mais encore de l'exécution des marchés passés avec les entrepreneurs.

Que pouvais-je contre un tel adversaire ? complétement étranger aux discussions judiciaires, je n'essayai même pas de me défendre contre un homme, qui chargé des intérêts des créanciers de M. X. n'avait qu'un but, celui de s'emparer de tout ce qui pouvait leur profiter, sans tenir aucun compte de l'équité de ses revendications et usait pour y parvenir de toutes les ressources de la chicane la plus exempte de préjugés.

C'est ainsi qu'ayant fait apposer les scellés sur l'établissement de la Villette, il prit possession non-seulement de toutes les quantités de phosphate de chaux qui s'y trouvaient, tant en poudre qu'en nodules, mais encore des moulins, du matériel et même de mes brevets; bien plus, refusant de payer les fournisseurs, il me fit condamner à les solder, ce que j'ai été obligé de faire intégralement.

Tandis que les choses se passaient ainsi du côté du syndic de M. X., les entrepreneurs de l'extraction et du transport des nodules de phosphate fossile, d'accord avec lui et voyant la situation qui m'était faite, projetèrent immédiatement de s'emparer d'abord de l'industrie que j'étais parvenu à créer après tant d'études, de travaux, de recherches et de découvertes inattendues de la science, et ultérieurement de mes brevets. Conseillés par des agents d'affaires habiles et sans scrupules, qu'ils associèrent à leurs intérêts, ils commencèrent contre moi une procédure à outrance dans laquelle ils mirent en œuvre toutes les ressources de l'envie, de la convoitise, de la ruse et de la chicane la plus audacieuse pour parvenir à leurs fins.

Ils réunirent d'abord en quinze jours, dans le bassin de la Villette, vingt-deux bateaux chargés de 2,250 tonneaux de nodules de phosphate de chaux et me firent sommation, en laissant de côté le syndic X., d'avoir à en prendre immédiatement livraison en leur payant la somme de CENT TREIZE MILLE FRANCS. Ils se déclarèrent en mêmè temps prêts à livrer vingt-deux mille mètres cubes, ou environ 33,000 tonnes d'autres nodules de phosphate fossile, qu'ils disaient exister sur les chantiers d'extraction dans les départements des Ardennes et de la Meuse, et me sommèrent de les leur payer sans délai.

Ainsi donc, privé de la somme de 282,000 francs restée en dépôt chez M. X., somme que j'ai intégralement perdue, c'est-à-dire sans argent, sans lieux de dépôts, sans usine et même sans droit d'utiliser le phosphate de chaux en le pulvérisant pour le livrer à l'agriculture, puisque le syndic revendiquait la propriété de mes brevets et qu'il s'était emparé de l'usine avec son matériel, j'étais placé dans l'obligation de payer des sommes énormes sous peine d'être déclaré moi-même en faillite, puisqu'il est vrai qu'un jugement du Tribunal de commerce en me déclarant associé de fait pendant six semaines, du 1ᵉʳ avril au 15 mai, de M. X. m'avait spontanément créé négociant.

Que devais-je et que pouvais-je faire dans une telle situation, sinon réunir mes ressources et engager tout ce que je possédais pour faire face aux exigences aussi inouïes qu'imprévues, auxquelles m'avait conduit fatalement une exploitation que je n'avais envisagée qu'au point de vue des intérêts agricoles, sans avoir jamais songé à son côté mercantile.

Avant de me rendre en Bretagne tant pour consulter ma famille que pour réaliser les ressources dont je pouvais disposer, je crus devoir aller rendre compte à l'illustre savant, M. Elie de Beaumont, qui avait toujours porté un si grand intérêt à mes travaux, de ce qui s'était passé, en lui faisant connaître l'extrémité à laquelle j'étais réduit.

Après lui avoir fait part de mes intentions : « Allez, « me dit-il, vous avez raison, il ne faut pas laisser « périr une industrie dont on n'apprécie pas aujour« d'hui l'importance, mais qui est appelée cependant « à fournir à l'agriculture un des principaux élé« ments de notre richesse nationale; courage donc « et comptez sur mon concours. »

Le 1ᵉʳ juin j'étais chez mon père au château de la Grand'-Rivière près St-Malo, et le 3 j'y reçus, à ma grande surprise, bien que j'y visse l'intervention immédiate et bienveillante de M. Élie de Beaumont, une lettre de M. le duc de Bassano grand chambellan, qui m'invitait à être le 5 aux Tuileries où l'Empereur me recevrait à 10 heures du matin.

Comme il résultera de ce qui va suivre un enseignement qui permettra d'apprécier nettement les faits avec toutes leurs conséquences, je prie ceux qui liront ces lignes de vouloir bien être indulgents pour la longueur des détails, souvent textuels, dans lesquels je suis obligé d'entrer.

Rentré à Paris, je me rendis aussitôt chez M. Élie de Beaumont pour lui demander s'il avait eu connaissance que l'Empereur m'eût fait appeler : « Oui, « me dit-il, dès le lendemain de votre visite je vis « l'Empereur, auquel j'avais fait connaître antécé- « demment vos découvertes qui l'avaient beaucoup « intéressé. La circonstance était favorable, on vient, « comme vous le savez, de terminer la perforation « du puits artésien de Passy, et l'Empereur savait « que j'avais suivi ce travail avec beaucoup d'in- « térêt ; aussi me dit-il en entrant : « Eh bien, « voilà un beau travail terminé ! l'eau a jailli du « puits de Passy ! » Oui, Sire, mais les travaux « de perforation ont mis en évidence un fait d'une « bien plus grande importance, celui de l'existence « du Gisement ou couche de phosphate de chaux,

« dans les mêmes circonstances géologiques où
« M. de Molon a découvert sa ligne d'affleurement
« dans les départements des Ardennes, de la Meuse,
« de la Marne, etc., etc., affirmant, trop téméraire-
« ment pensait-on, que cette ligne d'affleurement
« ne constituait pas un simple dépôt littoral, mais
« un dépôt général qui occupe au moins toute la
« partie du bassin situé au nord de la Seine. »

« Les découvertes de M. de Molon ont donc une
« bien grande importance, dit l'Empereur? »

« Très-grande, Sire, car grâce à elles on pourra
« désormais restituer au sol le phosphate de chaux
« que les récoltes lui ont enlevé depuis des siècles
« sans compensation et lui rendre ainsi une fertilité
« qu'il n'avait plus. De plus, le phosphate en appor-
« tant aux landes et autres terres incultes l'élément
« nécessaire à leur fécondité, permettra leur mise
« en culture au grand profit de la richesse natio-
« nale.

« L'Empereur m'ayant ensuite demandé si l'on
« avait commencé l'exploitation de ces nouveaux
« phosphates, je lui ai donné tous les renseignements
« qui étaient à ma connaissance, tant sur les quan-
« tités arrivées à Paris, et expédiées en Angleterre,
« que sur les conditions dans lesquelles vous pen-
« siez que l'agriculture devait l'utiliser; je lui ai en
« outre fait connaître la fâcheuse catastrophe qui ve-

« nait de frapper, à son début, une industrie appelée
« à rendre de si grands services à la production na-
« tionale, catastrophe dont le contre-coup vous avait
« atteint d'une manière si déplorable, qu'en entraî-
« nant votre ruine elle paralyserait pour longtemps
« sans doute l'industrie que vous aviez créée de toutes
« pièces. »

« Il ne faut pas qu'elle puisse être arrêtée, dit
« aussitôt l'Empereur, et puisque pour l'en empê-
« cher il ne s'agit que d'une question d'argent, je
« vais faire mander M. de Molon afin d'aviser aux
« moyens de donner à cette utile industrie l'impul-
« sion qu'elle mérite. »

« Maintenant que vous savez ce qui s'est passé,
« rendez-vous à l'appel de l'Empereur et n'hésitez
« pas à lui faire connaître la situation qui vous est
« faite. »

Je remerciai M. Élie de Beaumont du sentiment
de si grande bienveillance qui l'avait conduit à s'adresser à l'Empereur, sans toutefois lui dissimuler l'embarras que j'en éprouvais.

Le lendemain je me présentai aux Tuileries, où
l'Empereur me reçut avec une extrême bienveillance. Après m'avoir félicité de mes travaux, il
m'adressa diverses questions relatives aux lieux de
gisement du phosphate fossile, sur les conditions
de sa formation et sur celles dans lesquelles il se

trouvait dans le sol ; sur les quantités qui pouvaient exister, sur les moyens d'extraction, sur ceux des transports, sur son prix de revient et enfin sur les conditions de son emploi en agriculture ; à cet égard il me fit plusieurs observations, notamment sur la question de sa solubilité à l'état de poudre naturelle et il parut satisfait des raisons que j'invoquai à l'appui de mes convictions à cet égard. « Eh bien, me « dit-il, c'est une grande et féconde industrie dont « vous avez jeté les bases, vous avez déjà rendu un « grand service, mais il est incomplet, il faut le ren- « dre effectif en continuant l'exploitation commen- « cée, provoquer des essais de tous côtés, en don- « ner, en distribuer, vous entendre avec le direc- « teurs des Domaines impériaux, en un mot ne rien « négliger pour démontrer aux agriculteurs les avan- « tages qu'ils retireront de l'emploi de ce nouvel « élément de fertilité. »

Je ne demanderais pas mieux, Sire, répondis-je, mais cette tâche qui a été le but des travaux de toute ma vie, est aujourd'hui au-dessus de mes forces.... « Je sais, reprit aussitôt l'Empereur, que vous venez « d'être frappé par une catastrophe inattendue , « mais il ne faut pas qu'elle vous arrête. Il s'agit d'un « service public à rendre, d'un intérêt national à « servir, vous pouvez donc compter sur moi. »

Je vous en remercie, Sire, mais dans les conditions

où l'exploitation est commencée , la somme à dépenser sera tellement grosse et mes ressources sont
si petites, que je crains que les sacrifices à faire pour
suffire aux exigences de la situation qui vient de
m'être faite et aux besoins d'une industrie dont l'avenir est très-grand sans doute, mais qui rencontrera
certainement des résistances , ne paraissent trop
élevés aux yeux de l'Empereur.

« Quelle somme pensez-vous donc qu'il soit né-
« cessaire de dépenser pour mettre cette exploita-
« tion en état de rendre à l'agriculture les services
« qu'elle doit en attendre ? »

Je n'en sais rien exactement, Sire, mais les cultivateurs ont été si souvent trompés, qu'avant de leur
faire accepter d'une manière générale ce nouvel
agent de fertilité, il faudra beaucoup de temps et de
nombreuses expériences plusieurs fois répétées pour
les convaincre de son efficacité. Une première difficulté à vaincre sera de faire consentir les agriculteurs à essayer le phosphate dans leurs champs,
même en le leur donnant à titre gratuit et en en
payant le prix de transport. Puis, Sire, n'étant pas
négociant, je serais peut-être insuffisant à la direction ultérieure d'une opération commerciale.

« Mais aujourd'hui, ajouta aussitôt l'Empereur, il
« ne s'agit pas de commerce, ce qui importe, c'est
« de créer, de donner la vie à une industrie d'une

« grande utilité, dites-moi donc la somme que vous
« croyez être nécessaire pour y parvenir. »

Dans mes prévisions, Sire, cette somme ne sera
pas moindre de 800,000 francs à un million, dont
140,000 fr. seraient immédiatement indispensables.

L'Empereur réfléchit un instant et me dit : « Un
« million soit, et si avec cette somme on obtient le
« résultat espéré, je la considérerai comme ayant été
« très-utilement dépensée. Je vais donner des ins-
« tructions à M. Fould auquel vous vous adresse-
« rez pour avoir l'argent dont vous aurez besoin. »

Je remerciai l'Empereur et me retirai.

J'étais heureux de penser que j'allais enfin sortir
du bourbier dans lequel j'étais tombé et pouvoir im-
primer à l'exploitation du phosphate de chaux fossile une impulsion qui permettrait d'obtenir dans
un prochain avenir les résultats agricoles que j'espérais de son emploi.

Mais je ne devais pas tarder à éprouver une cruelle
déception et à apprendre, encore une fois, qu'il y a
souvent un abîme entre une promesse et sa réalisation.

J'étais sous le coup de la sommation des entrepreneurs d'avoir à prendre livraison des 2,250 tonnes de phosphate qui étaient dans le bassin de La
Villette et de leur payer la somme de 113,000 fr.
avec les frais de surestarie s'élevant à plus de

6000 francs; d'autres sommes m'étaient également nécessaires pour faire face aux dépenses de tout genre, ainsi qu'aux transports de ces phosphates dans un magasin qu'il m'avait fallu louer, puisque le syndic s'était emparé des miens.

Telle était ma situation, lorsqu'ayant appris que M. Fould avait reçu les instructions de l'Empereur, je lui écrivis, conformément à l'autorisation qui m'en avait été donnée, pour le prier de vouloir bien mettre 140,000 fr. à ma disposition. — Ma lettre étant restée sans réponse, je me présentai une première fois à son cabinet, puis une seconde et enfin une troisième; voyant qu'il ne voulait pas me recevoir, je le dis à M. Elie de Beaumont qui en rendit compte à l'Empereur, dont la réponse fut qu'il allait renouveler ses instructions à M. Fould chez lequel je pouvais me présenter dès le lendemain.

M'y étant rendu, je fus aussitôt introduit dans le cabinet du ministre qui me remit une lettre cachetée avec empreinte du ministère des finances, à l'adresse de M. de Germiny, gouverneur de la Banque de France, en me disant ces seuls mots : « Voilà « la réponse à votre demande ».

Une demi-heure après j'avais remis cette lettre au gouverneur de la Banque qui, après l'avoir lue, me dit : « *Eh bien, monsieur, je prendrai votre papier jusqu'à concurrence de* 140,000 *fr*. —

Mais quel papier, lui répondis-je? Je n'en ai d'aucune sorte ! — « Je ne puis rien vous dire de plus, « le ministre me prie de prendre votre papier sous sa « garantie, je vous réponds que je le prendrai, c'est « la seule réponse que je puisse vous faire ; s'il y a un « malentendu, expliquez-vous-en avec le ministre. »

Je sortis et fus chez M. Élie de Beaumont auquel je rendis compte de ce qui venait de se passer. « Ah oui, me dit-il..., monsieur Fould !..... eh bien ! « demandez-lui quel papier il veut et donnez-le-lui « si vous le pouvez. — Sinon revenez me voir et « nous aviserons. »

Le temps s'écoulait, je venais d'être condamné à payer la somme de 113,000 fr. aux entrepreneurs comme responsable des engagements de M. X., et d'un autre côté le syndic, ne jugeant pas encore suffisant de s'être emparé de tout, m'adressait tous ceux auxquels il était dû quelque chose au moment de la catastrophe de M. X., souvent même pour des sommes dues à un tout autre titre qu'à celui concernant l'exploitation des phosphates ; c'était à qui aurait tombé sur moi. — J'étais tellement consterné, et si peu au courant de ce que je pouvais faire dans une situation semblable, que je ne pensais même pas à me défendre ; ma seule préoccupation était de ne pas laisser péricliter une exploitation qui avait été le but des travaux de toute ma vie, et pour y parvenir je ne voyais qu'une chose à faire : payer tout ce qu'on me demandait.

Je réalisai dans ce but tout ce que je possédais, je vendis à mes frères ma part d'héritage de la fortune de ma mère, j'empruntai diverses sommes à des parents, à des amis, à des banquiers et je soldai, non-seulement les 113,000 fr. que j'étais condamné à payer, mais encore les autres sommes exigées au même titre.

J'étais loin d'être au bout; j'ai dit que ces mêmes entrepreneurs me réclamaient le paiement des 33,000 tonnes de phosphates qu'ils disaient exister sur les chantiers d'extraction et dans d'autres lieux de dépôts. D'un autre côté j'avais obtenu du syndic que l'usine de la Villette où l'on pulvérisait les phosphates ne chômât pas, à la condition que j'en paierais la location ainsi que les appointements d'un agent qu'il avait préposé à la garde des nodules de phosphate de chaux dont il s'était emparé, et qu'il me livrait contre argent comptant, au fur et à mesure que je les faisais pulvériser. C'est ainsi que je n'avais même pas le droit d'utiliser les 2,250 tonnes que je venais de payer.

Les dépenses marchaient vite et comme je ne recevais rien, puisque non-seulement je ne trouvais pas d'acheteurs pour mes phosphates, mais encore que c'était après beaucoup d'instances que je parvenais à obtenir des cultivateurs qu'ils en fissent l'essai en le leur livrant gratuitement; et encore étais-je souvent obligé d'en payer l'emballage et les frais de transport, et même quelquefois de me porter garant des récoltes : il est facile de comprendre que dans de telles conditions les sommes que j'étais parvenu à réaliser devaient bientôt s'épuiser.

Je conservais cependant une espérance, sans laquelle mon devoir eût été de tout abandonner plutôt que de continuer une lutte depuis longtemps au dela de mes forces; mais je regardais comme impossible que les promesses si positives que m'avait faites le chef de l'État, promesses sur l'exécution desquelles il savait que j'avais compté, me fissent défaut. Je voyais déjà, il est vrai, d'où me viendrait l'obstacle à leur accomplissement, mais je comptais sur l'intervention de M. Elie de Beaumont pour le surmonter.

Quelques jours après ma démarche à la banque, je reçus, en effet, une lettre de son directeur qui me faisait connaître que si je trouvais un banquier qui voulût prendre mes obligations à trois mois d'échéance, pour une somme de 140,000 francs, la banque de France les lui escompterait!...... Quelque singulier que me parût ce moyen, je m'adressai à un banquier de Bretagne avec lequel j'avais eu de très-bonnes relations, et après lui avoir exposé la situa-

tion il y consentit, en demandant toutefois des sé-
curités. Alors voici ce qu'on imagina.

M. L., banquier à Rennes, me ferait une ouverture
de crédit jusqu'à concurrence de 140,000 fr. sous la
garantie du ministre d'État, et de mon côté je con-
sentirais une hypothèque de même somme à ce
dernier sur mes propriétés du Finistère.

Pressé par les circonstances je fus encore consulter M. Élie de Beaumont qui me dit, en propres
termes : « Tout cela est odieux ! croyez bien que
« l'Empereur l'ignore complètement, mais puisqu'il
« y a urgence, consentez à tout ce que l'on vous de-
« mandera, l'important est que vous sauviez l'in-
« dustrie qui vous doit le jour et à laquelle vous avez
« déjà tant sacrifié, et soyez certain qu'il vous en
« sera tenu compte. »

Je consentis à tout ce que l'on me demandait et
après des formalités sans nombre, je reçus enfin
cette somme de 140,000 fr. moins l'escompte et les
frais d'actes. Je pus ainsi satisfaire à mes obligations
les plus urgentes et poursuivre la dissolution de mon
étrange société de fait avec M. X.

Après des lenteurs inouïes cette société fut enfin
dissoute par un jugement du tribunal de commerce
qui lui nomma un liquidateur étranger. Je payai pour
cette liquidation la somme de 56,000 francs. Le
14 août suivant (1858), le phosphate de chaux, tant

en poudre qu'en nodules, dont le syndic s'était emparé, qui restait dans l'usine de la Villette et dans les chantiers voisins, ainsi que le matériel de l'exploitation et MES BREVETS furent mis en vente par voie d'adjudication publique en l'étude de M. Thion de la Chaume, notaire à Paris, sur la mise à prix de 84,000 fr. J'en fus déclaré adjudicataire et rachetai ainsi une chose qui était bien réellement et bien légitimement ma propriété.

Redevenu au prix de ce nouveau sacrifice, seul propriétaire de mes brevets et de l'exploitation des gisements de phosphate de chaux, tous mes efforts furent dirigés vers un seul but, la démonstration de l'utilité agricole de cet engrais et la propagation de son emploi.

Dans cette tâche aussi ingrate que difficile, je n'eus pas seulement à lutter contre des difficultés financières, mais encore, ainsi que je l'ai déjà dit, contre l'incrédulité des cultivateurs et l'hostilité passionnée d'une certaine presse, très-probablement stipendiée par les fraudeurs d'engrais, hommes avides et sans foi, qui voyaient dans l'exploitation des gisements de phosphate de chaux fossile, la ruine de leur coupable industrie. (*Il est vrai de dire que cette crainte ne s'est pas réalisée et qu'ils ont, au contraire, trouvé dans le phosphate de chaux fossile un engrais de plus à falsifier*).

Les entrepreneurs avaient successivement obtenu des jugements qui me condamnaient à leur payer la somme de 358,000 fr. J'avais donc été obligé d'avoir recours à de nouveaux emprunts et à réaliser jusqu'à ma dernière ressource, en attendant que l'exécution des promesses de l'Empereur vînt m'empêcher de succomber sous le poids des charges qui s'accumulaient chaque jour sur moi.

C'était en vain que je m'adressais à M. Fould, il ne me répondait même pas. Enfin M. Élie de Beaumont auquel l'Empereur avait répété qu'il avait de nouveau donné les instructions les plus formelles à son Ministre, voyant qu'il persistait à ne vouloir ni me répondre, ni me recevoir se décida à m'accompagner.

Je crois devoir rapporter ici aussi exactement que succinctement les termes mêmes de cette entrevue. M. Fould n'était pas dans son cabinet, mais il devait bientôt rentrer; nous l'attendîmes : aussitôt qu'il aperçut M. Élie de Beaumont, il vint à lui en lui disant : « Quel est le motif, mon cher collègue (ils étaient tous les deux sénateurs), qui me procure le plaisir de vous voir ? » puis me voyant tout à coup, « ah ! vous venez me demander de l'argent ? « — Nous venons , répondit simplement M. Élie « de Beaumont, réclamer l'exécution d'une volonté « souveraine ! » Cela se passait dans l'antichambre à la porte de son cabinet; nous entrâmes. M. Élie de Beaumont lui répéta ce que l'Empereur lui avait dit, les engagements qu'il avait pris envers moi, engagements de l'exécution desquels dépendait aujourd'hui, non - seulement l'avenir d'une nouvelle et grande industrie, mais encore l'honneur commercial d'un homme qui avait rendu un immense service à son pays. Il ajouta que la parole de l'Empereur était engagée et qu'il pensait que lui, moins qu'aucun autre, ne pouvait vouloir qu'elle restât lettre morte. A ces paroles, M. Fould se leva en disant : « De l'argent, vous n'en aurez pas! L'Empe- « reur a toujours les mains ouvertes! puis, pourquoi « cet argent? pour des CAILLOUX ! » A cette expression M. Elie de Beaumont se borna à répondre : « Mon « cher collègue, je sais que cette question n'est pas « de votre compétence, mais ces CAILLOUX ne sont « rien moins que du pain et de la viande à l'état ru- « dimentaire. — Oui, répondit-il, c'est une opinion « de savant, à moi il faut d'autres preuves, je vous « répète que je ne vous donnerai pas d'argent, que « l'Empereur vous en donne lui-même, si je ne peux « pas l'en empêcher. » Nous nous levâmes aussitôt, il était temps, la rougeur me montait au front en entendant de semblables réponses faites à l'illustre savant, à l'homme honorable entre tous qui montrait un si grand dévouement à la cause que je servais.

Quelques jours après, M. Élie de Beaumont revit l'Empereur et lui rapporta les réponses de M. Fould.

L'on verra bientôt que s'il conservait la pensée d'être utile à l'industrie des phosphates de chaux, et le désir d'accomplir les engagements qu'il avait pris envers moi, il ne m'en portait pas moins un coup mortel en changeant si complétement les conditions de leur accomplissement.

Sur l'initiative du gouvernement un projet de loi venait d'être présenté aux chambres à l'effet d'obtenir un crédit de 40 millions, dont le montant devait être distribué à titre de prêt à l'industrie manufacturière; sous la suggestion très-probable de M. Fould, l'Empereur me fit dire de lui adresser la demande d'un prêt de deux millions sur ce crédit de 40 millions.

Le 18 février 1860 je me conformai à cet avis puisque c'était la seule porte de salut qui me restait ouverte.

Le 21 mars, je reçus une lettre de M. Rouher, alors ministre du commerce et de l'agriculture, qui, en me faisant connaître que ma demande lui avait été renvoyée par ordre de l'Empereur, me disait qu'il n'existait au budget de son ministère aucun fonds sur lequel une avance de cette nature pût être imputée, mais que le projet de loi mentionné ci-dessus venait d'être présenté aux chambres et qu'il ne voyait que ce fonds de 40 millions sur lequel l'avance que je sollicitais pût être prélevée et encore « je doute, « ajoutait-il, que le texte et l'esprit de la loi permet- « tent de faire un prêt pour les opérations que vous « exécutez. »

M. Élie de Beaumont transmit cette réponse à l'Empereur, qui fit adresser la note suivante au ministre de l'Agriculture et du Commerce.

« Monsieur de Molon sollicite un prêt de 2 mil- « lions sur les 40 millions destinés à venir en aide à « l'industrie agricole et manufacturière ; il demande « à l'Empereur d'autoriser la commission du conseil « d'État à interpréter, dans un sens favorable à l'in- « dustrie des phosphates, le texte de loi qui peut « soulever des doutes en ce qui la concerne, en fai- « sant connaître que, dans sa pensée, cette indus- « trie doit être comprise au nombre de celles qui « devront participer au prêt de l'État.

« Par ordre de l'Empereur le grand chambellan « renvoie à M. le Ministre de l'agriculture la de- « mande de M. de Molon pour y donner suite. »

Signé : Duc de BASSANO.

1er Mai 1860.

Pendant ce temps je restais aux prises avec les plus extrêmes difficultés, mais je n'en poursuivais pas moins mon but, avec la persistance la plus soutenue.

J'avais fait paraître dans le *Moniteur universel,* sous le titre : Fertilisation du sol par le phosphate de chaux fossile (n^{os} des 21, 22, 27 novembre et 30 décembre 1859), des articles que je fis réunir dans une petite brochure qui, tirée à six mille exemplaires, fut distribuée gratuitement et eut pour effet de fixer l'attention d'un grand nombre de savants et d'agriculteurs sur cette importante question.

A cette même époque, 1860, eut lieu au palais de l'Industrie une exposition générale d'agriculture ; j'y exposai les plans des gisements que j'avais découverts, des échantillons de nodules de phosphate de chaux à l'état naturel et pulvérisés tels qu'ils étaient livrés à l'agriculture, et enfin les fossiles caractéristiques de l'étage géologique où ils existaient.

Le jury de l'exposition me décerna sa grande médaille d'honneur et ses huit sections réunies émirent à l'unanimité le vœu qu'une récompense nationale me fût accordée.

Ce fut mon premier succès officiel. D'un autre côté quelques professeurs de chimie agricole qui avaient étudié la question de plus près et que les résultats obtenus avaient éclairés, notamment M. Malaguti, l'éminent doyen de l'académie de Rennes, ne craignirent plus de se prononcer.

« Aujourd'hui, écrivait M. Malaguti, que la ques-
« tion d'assimilation des phosphates fossiles, à l'état
« de poudre naturelle, a été résolue et que son appli-
« cation aux défrichements et aux terres depuis
« longtemps en culture ne permet plus de douter de
« ses bons effets, la presse agricole COMMETTRAIT UN
« CRIME DE LÈSE HUMANITÉ si elle continait à se taire.
« L'indifférence à l'égard d'une découverte aussi pré-
« cieuse constitue, à mes yeux, une anomalie dont la
« postérité ne manquera pas de s'étonner. » M. Pommier, membre de la Société centrale d'agriculture
de France et économiste distingué, et M. Bobierre,
directeur de la faculté des sciences à Nantes, ne
furent pas moins affirmatifs. (*Voir leurs rapports
pages XLV et LXIII de l'Annexe.*)

Cependant ma situation loin de s'améliorer devenait de plus en plus critique, j'avais déjà payé des
sommes énormes, dont je devais la plus grande
partie, et cependant il me fallait continuer les sacrifices. Le nombre des demandes et celui de l'accep-
tation de mes offres de phosphates de chaux augmentaient cependant, mais toujours à titre d'essai
gratuit, ou à des prix inférieurs de moitié à celui de
revient; l'on comprend que dans ces conditions la
volonté la plus résolue et la persistance la plus énergique étaient impuissantes à me sauvegarder du péril
qui me menaçait. Je ne pouvais plus compter sur

l'accomplissement des promesses de l'Empereur, elles s'étaient transformées ; ce n'était plus la certitude qui m'avait été donnée d'avoir au fur et à mesure des besoins de l'industrie qu'il s'agissait de créer l'argent nécessaire à la faire vivre et à en introduire les produits dans la pratique agricole, il ne me restait en perspective que l'espérance d'un prêt de deux millions sur un crédit qui n'était encore qu'à l'état de projet.

Telle était la nouvelle situation qui m'était faite, en échange de celle dans laquelle on m'avait engagé.

Malgré l'ennui qu'il devait en éprouver, M. Elie de Beaumont ne laissait pas cependant de rappeler à l'Empereur dans toutes les occasions qui s'en présentaient, ce que cette situation avait de cruel pour moi et de préjudiciable à l'industrie qu'il m'avait chargé de développer. L'Empereur répondait toujours par l'expression invariable du même témoignage d'intérêt, en disant : QU'IL DONNERAIT DES INSTRUCTIONS !

Ces témoignages d'intérêt m'avaient même été adressés directement dans la lettre suivante que m'écrivit son aide de camp, M. le général Favé.

« Aujourd'hui que l'Empereur est informé des « résultats obtenus de l'emploi du phosphate de « chaux, rien ne peut être plus agréable à sa Majesté « que de voir développer les conséquences de votre

« découverte. L'Empereur désire vivement que l'ex-
« ploitation de cette matière fécondante puisse
« prendre une extension en rapport avec le service
« qu'elle peut rendre à l'agriculture.

« Soyez assuré, monsieur, que l'Empereur suivra
« toujours avec le même intérêt les développements
« de la nouvelle industrie que vos travaux ont fait
« naître.

« Je suis chargé de vous en informer. »

L'aide de camp de l'Empereur,

Signé : FAVE.

De son côté, M. Rouher, ministre de l'agriculture,
dans le but, sans doute, d'appuyer ma demande de
prêt auprès de la commission du conseil d'État,
chargea M. Élie de Beaumont de lui adresser un rapport officiel sur mes travaux 1.

Les choses n'en restèrent pas moins dans l'état.

Cependant, un espoir me restait encore : j'avais
pris, comme l'on sait, deux brevets principaux de
15 ans pour l'emploi agricole du phosphate de chaux
fossile à l'état de POUDRE NATURELLE, brevets qui
m'avaient été enlevés et que j'avais rachetés ; or le
succès du phosphate de chaux employé dans cette
condition, dont j'avais désormais le privilége (je

1. Voir pages 39 et 40 de la première partie.

devais du moins le croire) étant proclamé de tous côtés et ne faisant plus doute dans l'esprit de personne, ces brevets ajoutaient évidemment une valeur vénale à mon industrie; aussi fixa-t-elle l'attention de divers spéculateurs et notamment d'un personnage très-haut placé.

Des propositions d'achat de mes brevets et des traités du droit d'extraction que j'avais passés avec un grand nombre des propriétaires des terrains phosphatés, me furent faites et une somme très-importante proposée, mais au cas seulement où la validité de mes brevets, que l'on m'annonçait devoir être attaqués en nullité par les anciens entrepreneurs d'extraction, serait maintenue par les tribunaux.

J'attendais donc avec impatience les jugements qui allaient être prononcés; mon avocat Me Marie, qui, comme député, avait pris part à la discussion de la loi de 1844 sur les brevets d'invention et d'application, ne faisait aucun doute qu'ils ne fussent maintenus en ce qui concerne l'application à l'agriculture du phosphate à l'état de poudre naturelle.

Quelle fut donc notre surprise lorsque, par son arrêt en date du 17 mai 1861, la cour tout en rejetant la théorie des premiers juges n'en prononça pas moins la nullité de mes brevets [1].

---

1. Voir le jugement de première instance et l'arrêt de la cour, page XLVII et suivantes de l'Annexe ; voir également page XLII.

Un pourvoi contre cet arrêt fut inutilement tenté devant la cour suprême.

Après seize années révolues depuis le prononcé‘ de cet arrêt, je me demande encore quel mystère il cache, puisqu'il est vrai que la spécification ou l'objet de mes brevets d'application n'y est même pas mentionné.

Tout espoir était donc encore perdu de ce côté, néanmoins je luttais toujours, encouragé que j'étais, non-seulement par les parents et les amis qui m'avaient prêté leur concours financier, mais encore par les agriculteurs et les hommes les plus éminents de la science et de la magistrature.

C'est ainsi qu'après avoir rendu compte de toutes les difficultés et embarras de la situation qui m'était faite, situation d'ailleurs parfaitement connue d'eux tous, messieurs Élie de Beaumont, sénateur, membre de l'Institut et de la Société d'agriculture ; Dumas, sénateur, membre de l'Institut et président de la Société d'encouragement pour l'industrie nationale ; de Raynal, aujourd'hui procureur général à la Cour de Cassation ; Darblay jeune, député de Seine-et-Oise ; Michel Chevalier, sénateur, membre de l'Institut, et Pommier, membre de la Société d'agriculture de France, voulurent tenter un dernier effort, en adressant à l'Empereur la lettre ci-annexée (Voir page LXVII et suivantes).

L'Empereur était à Vichy ; afin d'éviter tous retards dans la remise de cette lettre, M. Élie de Beaumont qui vint lui-même me l'apporter m'engagea à m'y rendre immédiatement. Le lendemain j'étais à Vichy où je priai M. le général Favé de vouloir bien mettre cette pressante requête sous les yeux de l'Empereur. Il le fit le jour même et en me la rendant il me dit que l'Empereur l'avait chargé de m'informer QU'IL ALLAIT DONNER DE NOUVELLES INSTRUCTIONS !

· Je veux bien croire qu'il les donna, mais ce qui est plus certain c'est qu'elles ne furent pas plus suivies d'effet que les précédentes.

La lutte était finie !.... J'avais combattu avec courage et persévérance, et ne succombais que sous le coup de l'inexécution des promesses qui m'avaient été faites pour donner la vie à une industrie qui est aujourd'hui une des sources les plus puissantes de la richesse nationale.

Au prix de vingt-cinq années de travaux pénibles et de recherches coûteuses, il m'a été donné de doter l'agriculture de la découverte d'une nouvelle richesse minérale considérable. Pour faire apprécier sa valeur agricole, j'ai consacré à son exploitation tout ce que je pouvais lui donner, FORTUNE, CRÉDIT ET VOLONTÉ AUSSI CONSTANTE QU'ACTIVE ET ÉNERGIQUE. Si j'ai succombé avant d'être arrivé à un résultat plus complet dans la tâche que j'avais entreprise, je n'en suis pas moins parvenu à créer une industrie nouvelle qui rapporte dès aujourd'hui à l'agriculture française une augmentation annuelle de plus de soixante millions de produits et à révéler l'existence dans le sol de la France d'un capital de plus de quinze milliards de francs [1], en donnant aux terrains qui renferment les gisements de phosphate de chaux une plus-value d'un milliard au moins.

Tel est, dès aujourd'hui, le résultat acquis de l'œuvre que j'ai accomplie : si les sacrifices et les engagements que j'ai pris pour y parvenir, m'ont réduit depuis 16 ans à demander à un travail incessant la satisfaction des besoins du jour, j'ai du moins assez vécu pour voir rendre à mes travaux les hommages dont ils ont été honorés :

1° Par le Jury de l'exposition générale d'agriculture en 1860, qui leur a décerné la GRANDE MÉDAILLE D'HONNEUR en émettant le vœu qu'UNE RÉCOMPENSE NATIONALE me fût accordée.

2° Par le jury de l'exposition internationale de Cologne en 1865, qui leur a accordé la GRANDE MÉDAILLE D'HONNEUR, et par la demande officielle que

---

1. Voir les rapports de MM. Dumas de l'Institut, Pommier de la Société centrale d'agriculture de France, Tisserand directeur de l'Enseignement supérieur de l'agriculture et Lecouteux secrétaire général de la Société des agriculteurs de France, pages LXIII, LXXI, CLIV et CLXVIII de l'Annexe.

me fit faire le ministre de Prusse par l'intermédiaire du MINISTRE de l'agriculture de France, de mes collections exposées, pour les galeries des académies agricoles de Poppelsdorf près Bonn et de Tharand près Dresde.

3° Par le jury international de l'exposition universelle de 1867 qui m'a décerné UN GRAND PRIX [1].

4° Par la demande d'UNE RÉCOMPENSE NATIONALE adressée le 1ᵉʳ mai 1869 au ministre d'Etat par les hommes les plus haut placés dans la magistrature, la science et l'agriculture [2].

5° Par l'Institut de France (académie des sciences), qui m'a décerné le prix Morogues [3].

6° Enfin par la Société des agriculteurs de France, en émettant le vœu, par acclamation, qu'UNE RÉCOMPENSE NATIONALE me fût accordée [4].

Avant de terminer cette notice, déjà trop longue, je crois devoir faire connaître comment prit fin le leurre dont on m'avait bercé pendant près de trois années en me faisant demander, le 18 février 1860, un prêt de deux millions, sur les 40 millions destinés à venir en aide aux industries manufacturières.

1. Voir l'Annexe, page XCIII.
2. Voir l'Annexe, page CXXXI et suivante.
3. Annexe, page CXLVI et suivantes.
4. Annexe, page CLXXX et suivantes.

Le 18 *août* 1861, je reçus de M. Rouher, ministre de l'agriculture et du commerce, la lettre suivante :

« Je viens de transmettre et de recommander
« votre demande de prêt à M. Boinvilliers, président
« de la Commission des Prêts à l'industrie ; je serai
« heureux, si, par suite, il m'est possible de prendre
« à votre sujet une décision favorable. »

A une date que je ne puis préciser, la commission des Prêts prit une décision favorable à ma demande, mais pour qu'elle fût suivie d'effet, il était nécessaire qu'elle eût la sanction du ministre des Finances, et M. Fould, loin de la lui donner, la renvoya avec de longues observations à la commission des Prêts, qui, néanmoins, maintint sa décision.

Le refus du ministre devenant difficile à motiver, il chercha un nouveau prétexte et me fit demander des explications avec pièces à l'appui ; je m'empressai de les donner en les adressant le 14 novembre 1862, à monsieur le ministre de l'agriculture et du commerce.

Voici la dernière réponse qui me fut faite, elle suffit, à elle seule, pour démontrer le parti pris par M. Fould, d'empêcher, aussi bien l'État que l'Empereur, de venir en aide à ce qu'il avait appelé l'industrie des Cailloux !

Paris, le 6 janvier 1863.

Monsieur,

« J'ai communiqué à S. E. le ministre des finances
« les pièces que vous m'avez adressées le 14 novem-
« bre dernier, relativement à votre demande de prêt
« sur le crédit de 40 millions. Mon collègue vient
« de répondre par une lettre du 26 décembre que
« ces documents ne lui paraissent pas de nature à
« modifier sa détermination précédente.

« D'après ce qui précède, il ne peut être donné
« suite à votre demande, je vous en exprime mes
« regrets.

« Recevez, etc....

« Le ministre de l'agriculture, du commerce et
« des travaux publics. »

Signé : ROUHER.

Tel a été le résultat final des promesses qui m'a-
vaient été faites et des engagements pris envers moi.

NOTICE COMPLÉMENTAIRE

A la demande qui m'en avait été faite j'avais fourni l'Etat de situation de l'exploitation du phosphate de chaux fossile au 25 janvier 1858 [1]. Depuis cette époque j'en avais reçu d'assez grandes quantités, de sorte qu'au moment où je fus obligé d'abandonner mon industrie il m'en restait encore plusieurs milliers de tonnes en magasin.

A l'aide de ce stock et de la notoriété qu'avait acquise cette nouvelle industrie, je cherchai à la rétablir au profit de tiers qui lui apporteraient les capitaux nécessaires. Mais je ne fus pas heureux dans cette initiative; on voulait se servir de mon nom, et on ne voulait pas livrer à l'agriculture le phosphate dans les conditions de pureté et de pulvérisation que je regardais comme indispensables au résultat que les cultivateurs devaient obtenir de son emploi.

D'un autre côté, depuis l'invalidation de mes bre-

1. Voir page XL de l'Annexe.

vets il s'était créé dans les Ardennes et dans la Meuse plusieurs nouvelles exploitations ; de sorte qu'il s'établit bientôt une concurrence entre les producteurs, et pour la soutenir chacun réduisait les prix de vente trop souvent aux dépens de la qualité.

Dans ces conditions il ne pouvait pas me convenir de donner mon concours, pas plus que d'accorder mes auspices à des exploitations que je voyais glisser sur une pente si regrettable ; je me retirai donc immédiatement en liquidant à vil prix le phosphate de chaux qui me restait ; et, devenu ainsi étranger à la question industrielle du phosphate, je repris le cours de mes travaux et de mes recherches interrompu depuis quelques années.

Ma situation ne me permettant plus de faire face aux frais de voyage et de déplacement que devaient nécessairement entraîner ces recherches, MM. Élie de Beaumont, de Raynal et Valette, demandèrent à M. Behic, alors ministre de l'agriculture, de comprendre au nombre des missions que donnait chaque année son ministère pour l'étude de diverses questions d'intérêt public, celle qui aurait pour but de rechercher dans le sol de la France les substances minérales utiles à l'agriculture et de me la confier.

Le 7 mai suivant (1864), cette mission me fut donnée avec une allocation de 4000 francs. Du 15 mai au 1er octobre, je parcourus les départements du Gard, des Bouches-du-Rhône, du Var et des Alpes-Maritimes. Dans ce dernier département je découvris entre Grasse et Castellane, près du Vallon de Clarc, à une altitude de 1083 mètres au-dessus du niveau de la mer, et dans le même étage géologique que ceux que j'avais découverts dans les départements du Pas-de-Calais, des Ardennes et de la Meuse, c'est-à-dire à la base de la formation crétacée, un gisement de nodules de phosphate fossile. Ce gisement traverse le mont d'Audibergue, et apparaît de nouveau dans la vallée d'Andon, qu'il suit jusqu'au village de Gréolière, près la baie d'Antibes. Il est exploitable et ses nodules analysés à l'école des Ponts et Chaussées contiennent en moyenne 43 pour 100 de phosphate de chaux tribasique.

Au mois d'octobre, j'explorai le littoral du Calvados compris entre l'embouchure de la Seine et Dives. De là je revins vers la vallée de la Toucque, et me dirigeai sur Lisieux et le département de l'Orne. L'étage géologique où j'avais découvert les gisements de phosphate de chaux au Nord de la Seine, n'existe pas d'une manière complète dans ces deux départements, mais l'on y trouve sur un grand nombre de points les grès verts supérieurs reposant immédiatement sur le calcaire jurassique, lesquels renferment une certaine quantité de nodules phosphatés ; toutefois ces gisements ne sont pas susceptibles d'une exploitation fructueuse ils forment une zone qui, partant de l'embouchure de la Seine, près Honfleur, se dirige vers Hennequeville, Lizieux, Mesnil-Mauger, Trun et Montabart.

Le 23 août et le 12 novembre j'adressai deux rapports très-circonstanciés de mes recherches et de mes découvertes à M. le ministre de l'agriculture.

En 1865, le 2 mars, je reçus une nouvelle mission, à laquelle on ajoutait à la recherche des gisements de phosphate de chaux, celle des autres substances minérales que l'agriculture peut utiliser.

Une exposition industrielle et agricole internationale devant avoir lieu à Cologne à partir du 1er juin, je fus invité par le ministre à aller y exposer la collection des matières minérales que j'avais découvertes dans le sol de la France en vue des besoins de l'industrie agricole.

Je ne possédais plus qu'une partie de cette collection, l'autre ayant été prise dans le cabinet de l'usine de la Villette où je l'avais déposée. Je fus donc obligé de la renouveler; et, pour cela, il me fallut retourner sur les lieux de gisement, situés dans l'Est et le Nord de la France, et parcourir toute l'étendue des côtes de la Manche et de l'Océan, depuis Isigny (Calvados) jusqu'à la rivière de Vannes (Morbihan), pour y prélever des échantillons de phosphate de chaux fossile, de sables coquillers, Mœrls, Tress, Madrépores, et de Tangue, dont j'avais indiqué dans une de mes dépositions dans l'enquête sur les engrais industriels, la nature des dépôts propres à chaque baie, en en donnant les analyses. Je me rendis aussi dans les départements du Finistère et des Côtes-du-Nord pour y prendre des échantillons de feldspath en voie de désagrégation et riche en silicate de potasse ; et enfin, dans le département d'Ille-et-Vilaine, pour recueillir divers échantillons de faluns.

L'exposition de ces divers et nombreux échantillons eut à Cologne un véritable succès d'intérêt agricole, dont M. Tisserand, délégué du gouvernement français à cette exposition, rendit compte au ministre de l'agriculture. Voici d'ailleurs ce qu'il en dit dans une note spéciale consacrée à mes découvertes :

« Les travaux de M. de Molon n'ont pas seule-
« ment exercé une grande influence en France et jeté
« les bases d'une industrie devenue très-prospère.
« Ils ont été le point de départ de recherches faites
« sur ses indications, et de découvertes tout aussi
« importantes dans les pays étrangers. C'est l'exa-
« men de ses échantillons et de ses cartes, à l'expo-
« sition internationale de Cologne, en 1865, qui a
« conduit les Allemands, les Autrichiens et les Rus-
« ses à faire des recherches analogues dans les ter-
« rains similaires : c'est donc grâce à lui qu'ils sont

« arrivés à découvrir et à exploiter des gisements de
« phosphate minéral qui sont pour eux une source
« de richesse. »

Je puis ajouter que ces collections fixèrent, plus
qu'aucune des autres, l'attention des hommes spéciaux dans la science et l'agriculture. Le prince royal
de Prusse lui-même, accompagné de plusieurs ingénieurs, m'adressa de nombreuses questions sur les
conditions géologiques dans lesquelles j'avais découvert en France les gisements de phosphate de chaux
fossile, et me demanda si elles existaient en Allemagne. Comme j'avais remarqué dans les collections
minéralogique allsemandes non-seulement les fossiles du Gault, mais encore des concrétions phosphatées
sur plusieurs d'entre eux, je les fis remarquer à un
ingénieur avec lequel le prince s'entretenait en alle-
mand en lui indiquant sur la carte géologique de l'Allemagne l'étage d'où ils provenaient.

Le jury me décerna sa grande médaille d'honneur.

Des doubles de mes collections me furent demandés aux noms des gouvernements de Prusse et de
Saxe, ainsi que par les représentants de la Russie et
de l'Autriche. Afin de faire donner à ces demandes
une consécration officielle, je priai qu'on voulût bien
les adresser au ministre de l'agriculture de France,
pour me les transmettre. Je n'en laissai pas moins à

Cologne mes collections exposées, ainsi que de nombreux échantillons qui formaient double emploi, en les confiant aux soins de M. le directeur du Jardin géologique.

Le 23 octobre suivant (1865), je reçus de M. le ministre de l'agriculture la lettre suivante :

« Monsieur, une collection d'échantillons d'en« grais et d'amendements minéraux, recueillis en
« France par vos soins, *pendant le cours des mis-*
« *sions que l'administration de l'agriculture*
« *vous a confiées, a été exposée à Cologne sous*
« *votre nom.*

« Les directeurs des écoles d'agriculture de Pop« pelsdorf, près Bonn, et de Tharand, près Dresde,
« m'ont fait exprimer le désir d'avoir chacun une
« collection de ces divers échantillons, auxquels ils
« paraissent attacher une grande importance.

« J'ai décidé que cette demande serait accueillie,
« puisqu'elle peut mettre les directeurs de ces deux
« grands établissements agricoles de l'Allemagne à
« même d'apprécier les richesses minérales dont
« l'agriculture française peut disposer.

« Je vous serai donc obligé, d'abord, de faire re« mettre à mon ministère la vitrine exposée avec les
« collections qu'elle renferme.

« Je pense qu'il vous reste encore une quantité
« assez considérable des diverses substances ayant

« formé les collections exposées à Cologne pour que
« vous puissiez y prélever les deux nouvelles collec-
« tions qui me sont demandées. Vous aurez alors
« l'obligeance de faire ce choix et de m'adresser
« les deux collections. Je vous serai obligé de ré-
« pondre le plus tôt possible à l'objet de la présente
« dépêche en me faisant connaître le montant des
« frais que ces collections pourront entraîner.

Recevez, monsieur, etc.

Le ministre de l'agriculture, du commerce et des
travaux publics.

Signé : ARMAND BEHIC.

Je m'empressai de répondre à M. le ministre, que
sachant, avant de quitter Cologne, que la demande
de ces collections lui serait adressée, j'y avais laissé
ma vitrine avec de nombreux échantillons, et que je
venais de donner des instructions pour les remettre
aux directeurs des universités agricoles de Poppelsdorf et de Tharand que j'avais été visiter pendant
mon séjour en Allemagne.

Quant aux frais relatifs à la réunion de ces collections, il n'en avait pas été fait.

Je m'abstins de faire observer que, contrairement
aux allégations de la lettre du ministre, mes collec-

tions n'avaient point été faites *pendant le cours des missions que l'administration de l'agriculture m'avait confiées,* puisque je n'en avais encore reçu qu'une seule, mais qu'elles étaient le produit de trente années de travail et de recherches pénibles et coûteuses pendant lesquelles je n'avais jamais reçu aucun encouragement.

De l'exposition de Cologne je vins dans le département du Pas-de-Calais, où je trouvai dans la baie de Wissant l'affleurement des grès verts supérieurs au Gault, avec des nodules phosphatés aussi utilement exploitables que ceux des gisements que j'avais antécédemment découverts dans les grès verts inférieurs. Mais à peine avais-je commencé à suivre la ligne d'affleurement de cette nouvelle couche phosphatée que je fus appelé par M. le directeur de l'agriculture pour aller visiter les exploitations du département de l'Indre comme membre du jury de la prime d'honneur.

Cette excursion terminée, je fus explorer les assises de la formation crétacée du département du Nord, savoir : la craie chloritée, la craie marneuse et la craie blanche. Entre ces dernières assises, je rencontrai à 24 mètres au-dessous du niveau du sol, dans les carrières de Lezennes et d'Anappe, près Lille, la couche du Tun qui renferme une grande quantité de nodules de phosphate de chaux, empâtés dans la masse calcaire. Les assises du calcaire étant, dans toute cette région, recouvertes d'une couche très épaisse de terrain d'alluvion, j'eus beaucoup de peine à trouver l'affleurement de ce nouveau gisement de phosphate ; je finis cependant par le rencontrer près Valenciennes.

Me conformant ensuite au désir exprimé par le ministre, dans sa lettre du 2 mars, de rechercher les gîtes des autres substances minérales utiles à l'agriculture, et notamment de la potasse, j'explorai les terrains granitiques de la Bretagne et trouvai dans la baie de Santec, près de l'Ile de Siec, depuis le territoire de la commune de Saint-Pol-de-Léon (Finistère) jusqu'à celui de Cléder, en passant par Plougoulm et Sibiril, plusieurs filons de feldspath lamellaire, d'une pureté très-remarquable. J'en rapportai divers échantillons aujourd'hui déposés dans les galeries de l'École des mines. Depuis plusieurs années ces filons sont exploités par les fabriques de céramique, notamment par celle de Mehun, et le feldspath qui en est extrait donne un émail d'une blancheur et d'une pureté remarquables.

Le 18 janvier et le 14 février 1866, j'adressai deux rapports à monsieur le ministre de l'agriculture, pour lui rendre compte de l'accomplissement de la mission qu'il m'avait confiée en 1865, en lui faisant connaître les nouvelles richesses minérales que j'avais découvertes au grand profit des industries agricoles et céramiques.

Dans mon rapport du 14 février, j'appelais l'attention du ministre sur l'intérêt qu'il y aurait à réunir la collection complète des substances minérales utiles à l'agriculture, découvertes à ce jour dans le sol de la France, en vue de l'exposition universelle de 1867 ; je lui exprimais, en outre, la pensée de compléter cette exposition par une carte de France à une grande échelle, sur laquelle seraient exactement indiqués les lieux de gisement des matières découvertes avec coupes géologiques, afin que les agriculteurs, les ingénieurs et les industriels de tous les pays pussent se rendre compte des richesses minérales agricoles de la France, connaître les lieux où elles existent, et juger plus facilement les avantages que leur exploitation peut présenter.

Je demandais en dernier lieu au ministre de vouloir bien m'autoriser à consacrer à la réunion de ces collections, à leur classement, et au travail d'une grande carte manuscrite, la mission qu'il m'avait fait espérer pour 1866.

Voici quelle fut la réponse du ministre à mes rapports :

Paris, 13 mars 1866.

« Monsieur, j'ai reçu le rapport que vous m'avez
« adressé pour compléter votre précédent travail.
« Les résultats de votre mission de 1865 ne m'ont
« pas paru de nature à motiver pour cette année
« une nouvelle allocation que les ressources d'ail-
« leurs très restreintes du budget de l'agriculture, ne
« m'avaient permis de vous accorder que très-diffi-
« cilement.

« Quant à la proposition que vous me faites de
« réunir à l'exposition universelle de 1867, une col-
« lection complète des matières minérales, aujour-
« d'hui découvertes en France, utilisées ou suscep-
« tibles de l'être par l'agriculture, mon ministère ne
« pourrait prendre à sa charge une exposition de
« cette nature [1].

Recevez, etc.

Le ministre de l'agriculture, des travaux publics
et du commerce.

Signé : Armand BEHIC.

Ayant donné connaissance de cette lettre à
MM. Élie de Beaumont, de Raynal et Valette, par

1. Voir page XCI de l'Annexe.

l'intervention bienveillante desquels j'avais obtenu la mission que je venais de remplir, ces messieurs intervinrent de nouveau dans l'espoir de faire revenir le ministre sur sa décision. M. de Raynal, aujourd'hui procureur général à la Cour de cassation, n'ayant pu se rendre au ministère pour cause d'indisposition, adressa la lettre suivante au ministre :

Paris, 19 mars 1866.

« Monsieur le ministre,

« J'aurais vivement désiré pouvoir me joindre
« aujourd'hui à MM. Élie de Beaumont et Valette,
« qui comptent entretenir Votre Excellence de la si-
« tuation de M. de Molon. Une assez grave indispo-
« sition me met dans l'impossibilité de sortir ; mais
« je veux au moins, et je regarde comme un devoir
« de le faire, associer mon témoignage au leur.

« Je n'insiste pas sur les services signalés qu'a déjà
« rendus M. de Molon à l'agriculture française.

« Je n'insiste pas non plus sur les lumières qu'il
« a apportées dans l'enquête si instructive qui a eu
« lieu sous vos auspices sur la question des engrais.
« La lecture seule de cette enquête l'a déjà montré
« à Votre Excellence.

« Mais il me sera permis de dire que, dans cette

« importante question des matières fécondantes, qui
« est, à juste titre, une de vos préoccupations, je ne
« crois pas, après y avoir bien réfléchi, après avoir vu
« et entendu à peu près tous les hommes qui s'en
« occupent, qu'il y en ait un seul qui, par son expé-
« rience, son esprit pratique, son activité, sa loyauté
« et son dévouement, soit en état de rendre les ser-
« vices que peut rendre M. de Molon.

« Soit que Votre Excellence veuille lui donner le
« soin de rechercher partout les matières fécon-
« dantes et les meilleurs procédés pour les utiliser
« selon la nature des différents sols, soit qu'elle le
« charge de répandre auprès des comices et des réu-
« nions agricoles les notions les plus sûres et de
« mettre ainsi les cultivateurs à même de déjouer
« toutes les fraudes, soit enfin qu'elle lui confie d'au-
« tres missions, elle peut être assurée qu'il s'en ac-
« quittera toujours de la façon la plus utile aux in-
« térêts de l'agriculture ; il est indiqué comme
« l'agent le plus précieux tout à la fois de constata-
« tions scientifiques et de propagande pratique.

« Votre Excellence pourrait se dire d'ailleurs qu'en
« servant ainsi l'intérêt agricole, elle serait venue
« en aide à un honnête homme, à un père de famille
« digne de son intérêt, et qui, après avoir sacrifié sa
« fortune et l'avenir de ses enfants, mérite bien que
« l'agriculture lui tende la main.

« Je ne peux au surplus mieux faire que de m'en
« rapporter à ce que diront à Votre Excellence, avec
« une conviction égale à la mienne, des hommes
« comme MM. Élie de Beaumont et Valette.

Je suis, etc.

Signé : L. de RAYNAL,
Premier avocat général à la Cour de Cassation.

Malgré l'intervention de semblables autorités, le
ministre persista dans son refus.

Il fallait donc s'y résigner !... J'avais découvert
dans le cours de ma mission de 1865, de nouvelles
richesses minérales agricoles, représentant une valeur de plusieurs centaines de millions, et cependant
M. le ministre ne jugeait pas que ce résultat fût de
nature à motiver une nouvelle mission !... D'un autre
côté son ministère ne pouvait prendre à sa charge
les frais de l'exposition en France, d'une collection
beaucoup plus complète que celle qui avait obtenu
un succès si exceptionnel en Allemagne !...

A quels services plus importants sont donc employés les fonds inscrits au budget pour encouragements à l'agriculture ?...

Quoi qu'il en fût, ce que le ministre ne voulait pas
m'aider à faire, je le fis seul. Je réunis mes collections, dressai une grande carte, et le tout fut admis

a l'Exposition universelle, où le jury international en m'accordant la première place au palais de l'exposition, et en me décernant *un grand prix*, me rendit la justice que m'avait refusée le ministre.

Les comptes rendus de l'Ecole des mines et des Ponts-et-Chaussées furent non moins favorables à mes collections, et les exposants anglais eux-mêmes, ces grands exploitants et distributeurs de phosphate de chaux, rendirent à mes travaux et à mes découvertes l'hommage le plus flatteur [1].

Grâce à ce succès les hostilités tombèrent, la question de l'utilité des matières minérales dans l'alimentation des végétaux fut plus étudiée, mieux appréciée, et finit par être comprise par les hommes qui, s'ils ne m'avaient pas fait une opposition active et apparente, m'avaient du moins refusé tout concours.

M. Forcade de la Roquette avait succédé à M. Behic au ministère de l'agriculture, et il me renouvela la mission qui m'avait été retirée.

Cette nouvelle mission me permit d'explorer les départements de la Gironde, de la Dordogne, du Cher et du Loir-et-Cher. Dans le premier de ces départements, la couche phosphatée n'existe pas ; dans le second, je rencontrai près de Périgueux, la même

---

1. Voir l'Annexe, pages XCIII, XCVII et XCIV.

couche phosphatée que j'avais trouvée dans le Tun, dans le département du Nord, mais moins riche en phosphate de chaux. Dans le Cher, je découvris les gisements de phosphate aujourd'hui en exploitation. Enfin dans le Loir-et-Cher, l'affleurement de la couche phosphatée n'existe pas. Cependant, près Vierzon, on rencontre la couche supérieure du Gault avec quelques rares nodules. Il pourrait donc se faire que dans la couche inférieure, à son contact avec les grès verts, il existât un gisement de nodules de phosphate de chaux susceptible d'être exploité souterrainement.

Tandis que je parcourais le sol de la France, mes honorables amis, témoins des résultats agricoles obtenus de l'emploi du phosphate de chaux fossile, et dans le but de les faire connaître d'une manière officielle, obtinrent de l'Empereur de demander en son nom, au ministre de l'agriculture, un rapport sur les résultats de mes découvertes. Ce fut M. Paul Fabre, procureur général près la cour de cassation, qui obtint cette autorisation, et en donna avis à M. de Raynal, par sa lettre du 11 février 1868.

Monsieur Mauny de Mornay, alors directeur de l'agriculture, fut chargé de faire ce rapport, qui porte la date du 8 juin 1868. Voir l'Annexe, page CXIII et suivantes.

Je dois rendre ici hommage à la mémoire de

M. Mauny de Mornay, car si, dans le principe, il n'avait pas accordé à mes travaux l'importance qu'ils méritaient, après les déclarations réitérées des hommes de la science, il s'informa auprès des préfets, des comices agricoles et d'un grand nombre d'agriculteurs qui depuis plusieurs années faisaient emploi du phosphate fossile, des résultats qui en étaient obtenus dans la pratique [1], et une fois sa conviction faite, il n'hésita plus à me rendre la justice qui m'était due; malheureusement il ne tarda pas à être enlevé à la direction de l'agriculture.

Qu'il me soit permis de transcrire ici les dernières lignes de son rapport.

. . . .

« Ces faits, dont la portée ne peut échapper à per-
« sonne, permettront d'apprécier l'étendue du ser-
« vice rendu par M. de Molon à l'agriculture fran-
« çaise.

« Tous les chercheurs heureux, tous les inven-
« teurs ont eu à soutenir des luttes pour assurer le
« succès de leurs découvertes, à faire des avances
« considérables pour les faire accepter; ils ont sou-
« vent compromis leur fortune, mais si la mort ne
« les a pas arrêtés, ils ont trouvé un jour la rémuné-
« ration légitime de leurs travaux. M. de Molon

____

1. Voir l'Annexe, page CV et suivantes.

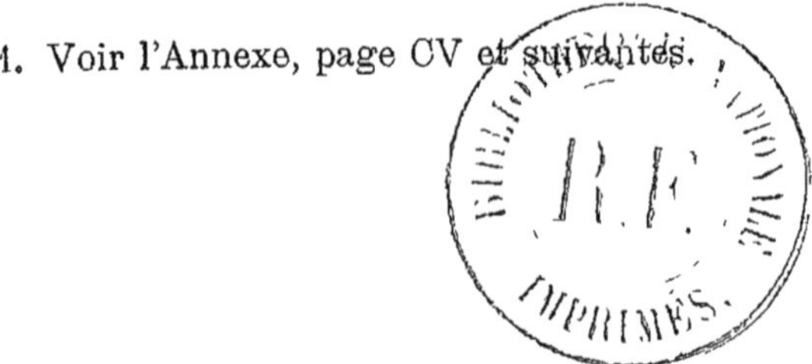

« serait aujourd'hui à la tête d'une vaste et fruc-
« tueuse entreprise; il eût non-seulement récupéré
« ses avances, mais encore il serait sur la voie d'une
« grande fortune, avec la satisfaction d'avoir rendu
« un immense service à son pays et à l'agriculture
« du monde entier; il jouirait, sans aucun doute,
« aujourd'hui, de richesses bien légitimement et
« bien honorablement acquises, si les décisions judi-
« ciaires que j'ai fait connaître plus haut [1], ne lui
« avaient point arraché le fruit de ses labeurs.

« Il me semble que si, grâce à la loi qui ne permet
« pas de bréveter l'application directe d'une subs-
« tance naturelle à la fécondation du sol, le public
« est doté du bénéfice d'une découverte si pré-
« cieuse, c'est au public, dans un sentiment d'équité
« légitime, à indemniser l'auteur des investigations
« et des travaux qui ont révélé à tous l'existence,
« les effets et le mode d'emploi de ces matières
« fécondantes dont l'exploitation a créé une nou-
« velle richesse minérale et une source de béné-
« fices aux industriels qui livrent ces substances à la
« consommation comme aux agriculteurs qui l'em-
« ploient.

« A ce titre, je pense que M. de Molon se recom-
« mande hautement à la gratitude du gouvernement

1. Voir l'Annexe. page XLVII et suivantes.

« de la France, et que c'est à ce gouvernement à lui
« payer la dette qui résulte pour le pays de l'interpré-
« tation de ses brevets par le jugement du tribunal
« de la Seine et l'arrêt de la cour d'appel de Paris.

« Tels sont les renseignements que je suis heureux
« de pouvoir transmettre sur les travaux si utiles et
« si intéressants de M. de Molon.

Le Directeur de l'Agriculture,
Signé : MAUNY de MORNAY.

Paris, 8 juin 1868.

M. de Boureuille, secrétaire général du ministère,
qui m'a toujours honoré de l'hostilité la plus mal-
veillante, sans qu'il m'ait jamais été donné d'en connaître le motif, ayant conservé ce rapport, ce ne
fut que bien des mois après que j'en eus connaissance, par l'intermédiaire de M. le général Favé.

Ce rapport si pressant et si affirmatif n'eut pas
plus de résultat que tout ce qui avait été tenté ou
promis antérieurement.

Lors de mes premières recherches je n'avais rencontré dans le département du Calvados que quelques rognons phosphatés disséminés dans la couche
supérieure des grès verts ; revenu cette année sur ces
premiers indices, j'ai pu constater un dépôt de nodules sur un grand nombre de points, notamment

aux deux extrémités du tunnel de Lamotte, près
Lisieux, à Mesnil-Mauger, à Trun; dans le département de l'Orne : à Montabart, à Igé, à Marsilly, aux
environs de Cômes, de Contres, de Céton, et de la
Ferté-Bernard (Sarthe).

Dans le Calvados et dans l'Orne le lit de nodules
phosphatés n'est pas caractérisé ou plutôt n'est pas
régulièrement assis; on les trouve disséminés dans
la couche des grès verts supérieurs qui, dans certains
endroits, atteint jusqu'à sept et huit mètres d'épaisseur; mais plus on avance vers le Sud plus les nodules deviennent abondants et riches en phosphate
de chaux. Dans les environs de la Ferté-Bernard
(Sarthe), les nodules sont plus gros et leur exploitation devient plus facile. Il est probable qu'en continuant à suivre la zone que je viens d'indiquer et
qui semble incliner vers le Sud-Ouest, de nouvelles
recherches assureront la découverte de gisements
plus importants encore.

Je n'avais pu poursuivre, cette année 1868, mes
investigations au-delà de cette contrée; mais, après
avoir accompli dans les départements de la Gironde,
de la Dordogne, du Loir-et-Cher et du Cher, les recherches dont j'avais rendu compte dans mon rapport, et les avoir poursuivies à travers les départements du Calvados, de l'Orne et de la Sarthe dans
une étendue de plus de 200 kilomètres, ces travaux

avaient suffi à ma tâche et cela d'autant mieux que, cette année, j'avais encore été distrait de mes recherches , comme membre du Jury de la prime d'honneur du département de l'Allier.

La même mission m'ayant été continuée en 1869, je repris le cours de mes investigations aux points où je les avais laissées l'année précédente, et ayant été assez heureux pour voir mes prévisions se réaliser, le 12 décembre je fis connaître au ministre, dans un rapport détaillé, que j'avais constaté l'existence d'un vaste gisement de nodules phosphatés, dont j'indiquais les points précis des affleurements, savoir : dans les communes de Cherré et de Cormes (Sarthe), sur quinze propriétés différentes dont je donnais les noms ; dans la commune de Ceton (Orne), sur quarante propriétés ; et enfin sur le territoire des communes de Saint-Jean Pierre-Fixte, de Vicheres, de Trizai, Contretort, Saint-Serge , de Coudray au Perche, de Souancé, canton de Nogent-le-Rotrou (Eure-et-Loir), encore sur 47 propriétés. — Sur les 109 points d'affleurement que je signalais, la couche phosphatée est exploitable quoique moins abondante en nodules que celle des départements du Nord-Est. Je fis analyser à l'école des Ponts-et-Chaussées quarante échantillons de nodules phosphatés pris sur des points différents et la moyenne de leur richesse en phosphate de chaux réel fut trouvée de 44 pour 100.

Des renseignements m'étaient demandés de divers côtés par des négociants et des industriels qui, ayant remarqué sur la carte que j'avais exposée à l'exposition universelle de 1867, l'indication de gisements de phosphates de chaux fossile sur quelques points non encore exploités, s'y étaient rendus sans pouvoir les découvrir, notamment dans le Pas-de-Calais; à leur sollicitation et dans la pensée de favoriser de nouvelles exploitations, je crus qu'il devait entrer dans l'esprit de la mission que j'avais reçue, de me rendre de nouveau sur les lieux où j'avais indiqué ces gisements pour leur faire voir où ils existaient et les conditions dans lesquelles on pouvait les rencontrer. — C'est ainsi que depuis la Baie de Wissant, au-dessous de l'ancien Camp de César (Pas-de-Calais), jusque près de la station de Neuf-Châtel sur le chemin de fer de Boulogne à Paris, en suivant le pourtour du mamelon jurassique du Boulonnais, je leur indiquai des gisements exploitables et aujourd'hui exploités, notamment à Wissant, Leubringhen, moulin de Fernaville, environs de Caffiers, de Fiennes, d'Hardinghen, Glaisières des Tuileries de Colembert, Glaisières des Tuileries de Brunemberg, Glaisières et sablières des poteries de Desvres, à Longfossé, à Wierre au Bois, aux Glaisières du Breuil, du Menty et chemins voisins, aux environs de Verlinctun, et de Pelinctun, et de Nesles, ainsi que dans plusieurs chemins longeant ou coupant le chemin de fer de Paris à Boulogne, près Neufchâtel.

Dans les Ardennes et la Meuse, des exploitants, souvent embarrassés lorsqu'ils viennent à perdre la trace du gisement qu'ils exploitent, soit par suite d'une dénudation accidentelle, soit par toute autre cause, m'avaient souvent demandé de retourner dans cette contrée pour leur donner sur les lieux de gisements des indications assez précises pour leur permettre de les reconnaître eux-mêmes. Ce fut par cette excursion que je terminai les travaux de ma mission de 1869.

Par sa lettre du 8 janvier 1869, le ministre m'avait autorisé, sur ma demande, à dresser une carte spéciale sur laquelle la position géographique des gisements, découverts à ce jour, de toutes les substances minérales que l'agriculture utilise, serait indiquée, en distinguant par des signes conventionnels les gisements exploités de ceux qui ne l'étaient pas, ainsi que la situation des usines qui préparent ces substances en vue des besoins agricoles.

Depuis longtemps je préparais cette carte manuscrite, travail de longue haleine à cause des nombreux détails qu'elle contient, et je la terminai dans les premiers mois de 1870.

Cette carte, qui permet d'embrasser d'un seul coup d'œil l'ensemble des richesses minérales agricoles que renferme le sol de la France, dont elle fait voir les situations respectives, a encore pour effet de provoquer de nouvelles exploitations en mettant les cultivateurs à même d'aller s'assurer de la richesse naturelle, sur les lieux de leur extraction, des agents de fécondité dont le sol qu'ils cultivent peut avoir besoin, et de pouvoir se préserver ainsi des fraudes du commerce.

Le ministre de l'agriculture, dans la pensée que la publication de cette carte remplirait un but utile, me demanda de la réduire à une petite échelle et d'en faire tirer trois mille exemplaires au compte du ministère.

Je ne devais alors faire aucun doute que la mission de 1869 ne me fût continuée en 1870; aussi, après la remise de ma grande carte, qui resta déposée dans le cabinet du sous-directeur de l'agriculture, et des trois mille exemplaires de sa réduction, travail commencé en dehors de toute mission et continué pendant les trois premiers mois de l'année 1870, avais-je recommencé mes travaux de recherches et déjà découvert de nouveaux gisements; cependant, étant arrivé au mois de juin sans avoir reçu aucun avis de cette nouvelle mission, je fus voir le directeur de l'agriculture, qui malheureusement n'était plus M. Mauny de Mornay, dans le but de m'informer des intentions du ministre ou plus exactement des siennes. — Je le savais très-hostile à tout ce qui tient de près ou de loin à la science agricole, à laquelle il ne croyait pas. Néanmoins, avant de lui parler de l'objet de ma visite, et comme entrée en matière, je lui demandai ce qu'il pensait de l'utilité d'un travail qui résumerait, dans une petite brochure, en forme de catéchisme, les lois les plus élémentaires de la fertilité et de la production du sol, mise à la portée des plus simples cultivateurs. — « Que voulez-vous donc « apprendre à ces braves gens? me répondit-il. Ce qu'il « leur faut, c'est une charrue et du fumier, avec cela « ils n'ont pas besoin de science pour faire venir des « récoltes. » — C'est possible, dis-je, mais cependant cela ne suffit pas, car ce qui leur manque et leur manquera toujours c'est précisément le fumier, et le sol n'étant *que le laboratoire et le créditeur foncier* du cultivateur, si celui-ci ne lui rend pas les éléments de production que les récoltes lui ont enlevés, il finira par se stériliser et la source de l'alimentation publique par se tarir. D'un autre côté le propriétaire qui afferme ses terres n'en aliène que la jouissance et nullement la richesse foncière. S'il en était autrement, il en résulterait chaque année un amoindrissement de sa puissance productive qui finirait comme conséquence extrême à rendre sa propriété illusoire : il importe donc aux cultivateurs de connaître les moyens à l'aide desquels ils peuvent conserver au

sol son état normal de fertilité. « Ce n'est pas tout
« cela qu'on vous a demandé, finit-il par me répon-
« dre, donnez-nous un rapport général sur le résultat
« des missions que vous avez reçues, et nous l'in-
« sérerons dans le compte-rendu des autres mis-
« sions, à la suite d'un rapport sur *les vaches bre-*
« *tonnes.* »

Voyant que je perdais mon temps et ma peine et
que l'on assimilait la valeur de mes travaux à l'importance d'un rapport sur une question de race
bovine, il ne me restait qu'à me retirer en déplorant
l'ignorance d'un homme qui, placé fatalement à la
tête de la direction de l'agriculture, en comprenait si
peu les intérêts.

Pas un mot, du reste, de la nouvelle mission dont
j'attendais l'avis. Quant au nouveau rapport qu'on
me demandait, c'était évidemment un moyen de
m'éconduire, car j'en avais fourni de quoi remplir un
volume.

Je n'en continuai cependant pas moins mes recherches jusqu'au mois de septembre, époque à laquelle on me déclara que je ne recevrais pas de mission, qu'il était désormais trop tard et que d'ailleurs
je n'avais pas remis le rapport demandé! — On
n'en avait pas moins ma grande carte et les trois
mille feuilles de sa réduction, qui étaient le produit
d'un travail fait en 1870, et je restais ainsi obéré de

tous les frais de voyage et de recherches que j'avais faits depuis le commencement de l'année.

Les circonstances étaient devenues graves, il ne s'agissait plus de la recherche des matières utiles à notre agriculture, mais de défendre le sol de la patrie envahi par l'étranger.

Nous étions au 13 septembre; l'envahissement de Paris était commencé, je partis ce jour même pour la Bretagne laissant mon fils à Paris comme mobile, et, moi-même, je fis bientôt partie de l'armée auxiliaire au titre de colonel d'artillerie.

Revenu à Paris après l'armistice, je fus reprendre ma carte au ministère, et, comme la direction de l'agriculture était toujours la même, je savais qu'il était inutile de lui demander une nouvelle mission pour *des recherches scientifiques*.

Depuis cette époque j'ai dû cesser tous rapports avec le ministère de l'agriculture.

Le préjudice qui résulte pour la société de l'inaptitude ou de l'ignorance de certains agents supérieurs de l'administration est incalculable et a pour conséquence d'en faire souvent supporter la responsabilité au régime politique qui gouverne.

Un ministre, si distingué, si instruit, si actif, si soucieux qu'il soit de remplir, à la plus grande satisfaction des intérêts du pays, la haute mission qui lui est confiée, les exigences de la politique et de sa situation l'obligent souvent à s'en rapporter à ses chefs de service pour des questions très-importantes de son administration; s'il est donné à ces questions des solutions contraires à celles qu'elles auraient dû recevoir et qu'il en résulte un préjudice à l'intérêt général, le ministre, qui peut l'ignorer, n'en est pas moins responsable devant l'opinion publique et la société atteinte dans ses intérêts; il est donc très-important de n'avoir pour chefs de service que des hommes à la hauteur de leur mission.

Cette condition est surtout indispensable lorsqu'il s'agit d'un service qui exige une instruction et des connaissances spéciales, jointes à une expérience que la science elle-même ne saurait remplacer ; tel homme versé dans la connaissance des lois et des règles administratives, qui pourrait faire un excellent directeur au ministère de l'intérieur, ou à la préfecture de police, ne serait jamais qu'un détestable directeur de l'agriculture.

La direction de l'agriculture, par l'influence qu'elle est appelée à exercer sur le développement de l'industrie qui contribue le plus puissamment à la richesse nationale, puisqu'elle a pour objet de pourvoir non-seulement à l'alimentation des populations, mais encore de fournir les matières premières indispensables à toutes les branches de l'activité humaine, exige un administrateur, qui, en outre de connaissances administratives sérieuses, ait une instruction spéciale et étendue dans les sciences naturelles, dans la chimie, la géologie, la physique, la zoologie, la botanique, sciences sans lesquelles il ne peut exercer une influence utile sur l'enseignement et la mise en application des lois naturelles de l'agriculture. Il doit avoir, en plus, l'expérience consommée de tout ce qui tient à la pratique des industries multiples de l'agriculture.

Je n'irai pas plus loin dans cette digression que je me suis cru suffisamment autorisé à faire après l'épreuve que j'ai subie. Mais si incomplète qu'elle soit, comme elle ne laissera pas que de m'attirer de nouvelles hostilités, elles me fourniront l'occasion de compléter ma pensée et peut-être résultera-t-il de ce qui me reste à faire connaître un service qui ne sera pas le moindre de ceux qu'il m'a été donné de rendre à la cause de l'agriculture.

Les résultats agricoles obtenus, depuis plus de 14 ans, de l'emploi du phosphate de chaux fossile avaient une trop grande importance pour que je ne continuasse pas la recherche de ses gisements ; je ne pouvais le faire, il est vrai, qu'au moyen de ressources excessivement minimes et souvent de privations ; aussi ne pouvais-je y consacrer le même temps que par le passé et encore était-ce grâce aux permis de circulation que me donnaient les compagnies des chemins de fer d'Orléans et de l'Ouest. Cependant, en 1872, je découvris à la base du terrain oolithique, c'est-à-dire dans un étage géologique dans lequel personne n'avait encore soupçonné son existence, un gisement de chaux phosphatée d'une très-grande importance; il comprend, en effet, toute la partie du département du Calvados située entre Caen, Tilly, Carcagny, Bayeux, Trévières, Isigny et la mer, c'est-à-dire le territoire de 118 communes dont la superficie totale est de plus de 60,000 hectares.

Ce gisement ne renferme pas moins de 150 millions de tonnes de chaux phosphatée et n'est pas encore exploité. J'en ai dressé le plan au dix-millième et l'ai communiqué à la Société d'encouragement, en lui faisant un rapport sur toutes les circonstances que présente ce dépôt de chaux phosphatée; ce rapport a été inséré dans le bulletin mensuel de la Société avec les coupes géologiques du terrain qui le renferme.

En terminant je ne dois pas omettre une circonstance dans laquelle il fut rendu un hommage au bienfait que la découverte des gisements de phosphate de chaux fossile rendait à L'AGRICULTURE ET À L'HUMANITÉ, hommage d'autant plus précieux à constater qu'il émane d'un savant publiciste agricole dont l'opinion avait d'abord été complétement hostile à son emploi.

Au dîner des cultivateurs du 6 février 1875, auquel je fus convié, M. Barral dit [1] : « Il y a trente « ans, on ne connaissait pas l'utilité du phosphate « de chaux, on ne savait même pas celui des élé- « ments contenus dans les os et le noir animal au- « quel il fallait attribuer leur puissance fertilisante ; « à plus forte raison, était-on bien loin de penser « qu'un jour on trouverait dans le sol, concrétionnée « en nodules, en quantité incommensurable, une « matière absolument identique à celle des os et « du noir animal que l'agriculture utiliserait avec les « mêmes avantages après l'avoir simplement pulvé- « risée.

« Beaucoup de bons esprits et des savants d'une « grande autorité ne crurent pas d'abord à l'impor- « tance des gisements de phosphate de chaux décou- « verts par M. de Molon, et une fois le fait mis hors « de doute, ils se refusèrent à penser que ce phos- « phate pût être utilisé à l'état naturel dans l'indus- « trie agricole. L'Académie des sciences elle-même « eut à enregistrer diverses communications et pro- « testations à l'égard de son emploi. Moi aussi, dit « M. Barral avec une bonne foi et une loyauté aux-

1. Voir le journal d'*Agriculture Progressive*. N° du 20 février 1875.

« quelles tous les convives ont rendu hommage, j'ai
« partagé cette erreur.

« Aujourd'hui que l'Académie des sciences vient
« de reconnaître d'une manière éclatante le service
« que les travaux de M. de Molon ont rendu à l'agri-
« culture en lui décernant le prix de Morogues, je suis
« heureux à mon tour de profiter de l'occasion qui
« se présente, pour déclarer hautement, et avec une
« parfaite conviction, que l'agriculture et l'humanité
« sont redevables au génie de M. de Molon, à la cons-
« tance de ses travaux et à la persistance de ses
« efforts, du plus grand des bienfaits. »

DE LA FRAUDE

DANS LE

COMMERCE DU PHOSPHATE DE CHAUX FOSSILE

L'exploitation des gisements de phosphate de chaux fossile est devenue une industrie considérable, et les résultats que l'agriculture obtient de son emploi, lui donnent chaque jour une importance d'autant plus grande, que l'unanimité des cultivateurs reconnaît aujourd'hui son influence sur la production du sol. Malheureusement, et je le dis avec un profond regret, la fraude la plus déplorable a envahi son commerce comme elle l'avait fait de celui du Noir Animal, du Guano, de la Charrée, etc., etc., et cause ainsi un préjudice incalculable aux agriculteurs.

Il est loin de ma pensée de vouloir impliquer dans la catégorie des falsificateurs tous les exploitants des gisements de phosphate fossile ; il en est qui exercent, au contraire, cette industrie avec honorabilité en apportant le plus grand soin au choix, au lavage et à la pulvérisation des nodules qu'ils livrent au commerce en sacs plombés avec un dosage garanti. — Ce n'est donc qu'exceptionnellement que la fraude se produit sur les lieux d'extraction.

Il n'en est pas ainsi dans les centres de consommation. Sans doute, là, comme dans les pays de production, il se trouve des négociants honnêtes qui livrent à l'agriculture le phosphate tel qu'ils le reçoivent, et ceux-là méritent d'être signalés à la confiance des cultivateurs. Malheureusement tous ne méritent pas cette confiance; en même temps que plusieurs reçoivent le phosphate en nodules qu'ils pulvérisent eux-mêmes en y ajoutant des matières inertes sans aucune valeur, d'autres mélangent à celui qu'ils reçoivent en poudre, les mêmes matières et livrent ainsi aux cultivateurs un produit non moins falsifié.

L'audace avec laquelle ils trompent est à peine croyable; ainsi il est livré sous la dénomination de phosphate fossile des matières minérales et terreuses ne contenant que 2 pour cent de phosphate de chaux; d'autres, qui en renferment seulement de 6 à 22 0/0 et c'est le plus grand nombre.

Il est à remarquer que les Phosphates fraudés dans cette proportion, ne sont généralement vendus directement à la culture que par les nombreux petits marchands ou commissionnaires qui les transportent dans l'intérieur des terres.

J'ai entendu plusieurs négociants exprimer le regret de voir se produire une semblable fraude tout en la faisant eux-mêmes sur la plus large échelle, et donner pour excuse à ce honteux trafic que les petits marchands et commissionnaires qui forment une grande partie de leur clientèle, ne veulent avoir que du phosphate à bon marché qu'ils revendent au prix du phosphate riche, sans en faire connaître la provenance, et comme ceux-ci n'offrent aucune responsabilité et qu'ils s'adressent à des paysans qui ne savent pas ce que c'est qu'une analyse, ils ne courent aucun risque d'être poursuivis.

Il est un autre genre de fraude, que la loi n'atteint pas, qui consiste à mélanger de la tangue, par exemple, avec du phosphate, et à vendre ce produit sous le nom de phosphate tangué, affirmant encore que ce phosphate est bien préférable à celui qui est pur, ainsi qu'ils le disaient pour le noir animal mélangé de tourbe.

Il existe, près de Redon notamment, une exploitation considérable de schiste ardoisier tendre, qui se reduit très-facilement en poudre impalpable et dont la couleur est parfaitement semblable à celle du phosphate fossile; les manipulateurs achètent cette poudre argileuse, sans aucune valeur agricole, à un prix très-modique, et, après l'avoir additionnée de 10 à 50 p. 0/0 de phosphate fossile qui ne contient lui-même que 45 p. 0/0 de phosphate réel, et souvent moins, ils la revendent aux cultivateurs comme phosphate de chaux.

Dans les pays où existe le colonage partiaire, ou fermage à moitié fruit, la fraude est moins dangereuse, car les engrais industriels sont généralement achetés par les propriétaires sur analyse, qu'ils ont soin de faire vérifier, et les vendeurs savent qu'ils seraient poursuivis s'il ne livraient pas exactement le dosage qu'ils ont garanti.

Je crois devoir encore prémunir les acheteurs de phosphate contre l'*analyse dite commerciale* usitée dans le commerce des engrais. Cette analyse sans précision et qui n'a rien de scientifique permet des erreurs considérables, erreurs qui peuvent aller jusqu'à indiquer 18 p. 0/0 de phosphate de chaux en plus de la quantité qui existe réellement dans l'engrais soumis à l'analyse par ce procédé, suivant que la matière frauduleuse contient plus d'alumine et de peroxyde de fer et que l'échantillon analysé a été plus ou moins énergiquement attaqué par les réactifs chimiques.

La phosphorite des départements du Lot, de l'Aveyron et du Tarn-et-Garonne, très-riche en phosphate, a été exportée en Angleterre pour la plus grande partie; ses gisements ne sont ni réguliers, ni étendus comme ceux des nodules de phosphate fossile et l'origine n'est pas la même. Aucune indication géologique ne pouvant mettre sur leurs tra es, le hasard seul permet de les découvrir.

Le phosphate de chaux de la phosphorite est moins soluble à l'état de poudre naturelle que celui des nodules; mais les cultivateurs n'ont pas à s'en préoccuper car il n'en est pas livré au commerce dans cette condition. Ce qui leur est offert de cette source provient, en général, des *débris* des exploitations dont les produits ont été expédiés en Angleterre, ou séparés de leur base pour en faire des superphosphates. Ces débris sont pulvérisés en mélange avec une grande quantité de terre, désignée dans le pays sous le nom de *Causse* dont la couleur brune et souvent ocreuse les fait facilement reconnaître, tandis que la phosphorite en roche est d'un gris blanc et quelquefois rosée.

L'apatite ou phosphate cristallin n'est présentée dans le commerce qu'à l'état de phosphate précipité et de superphosphate, mais il n'y a qu'un petit nombre d'agriculteurs à se permettre le luxe d'une si savante cuisine dont les fabricants de produits chimiques retirent le profit le plus clair.

Depuis plus de trente ans j'ai vainement fait mes efforts pour appeler des mesures législatives et administratives, propres à arrêter la fraude dans les engrais du commerce, obéissant en cela aux intérêts

les plus urgents et les plus immédiats des agriculteurs; cependant, en 1864, une enquête officielle,
qui n'était que la suite de celle que j'avais obtenue
en 1848 du ministre de l'agriculture [1], fut faite sur
cette importante question et révéla toute l'intensité
du mal [2]. Et néanmoins èlle n'a eu d'autre effet que
celui d'obtenir une loi sous le régime de laquelle la
fraude a pris une extension plus grande encore que
par le passé.

Que faire donc pour détruire ce chancre aussi
vivace qu'insatiable qui ronge l'agriculture depuis
tant d'années en lui faisant payer annuellement
comme engrais, pour plus de trois cent millions de
matières inertes ?

Si les moyens que j'ai indiqués dans les notes
ci-annexées [3] sont jugés insuffisants, je n'en vois
plus qu'un seul à pouvoir arrêter le mal, c'est de
créer à un gros capital, une société, qui, sous les
auspices et le contrôle de la Société des agriculteurs
de France, aurait pour but d'acheter, après vérification, aux producteurs, et de faire livrer aux cultivateurs par l'intermédiaire de syndicats cantonaux ou

1. Voir page III de l'Annexe, la lettre du Ministre de l'Agriculture en date du 25 octobre 1848, et page VI, la note sur la
fraude dans les engrais industriels.

2. Voir page LXXIII et suivantes de l'Annexe ma déposition
dans cette enquête.

3. Voir pages X et LXXVII de l'Annexe.

régionaux de propriétaires et fermiers les engrais dont ils ont besoin.

Cette société devrait être exclusivement commerciale, et ne rien produire par elle-même. Elle achèterait le phosphate de chaux aux exploitants, le noir-animal aux raffineurs, le sulfate d'ammoniaque, les nitrates de soude et de potasse, les cendres de varech aux producteurs — et comme elle paierait tout au comptant, elle faciliterait ainsi, particulièrement aux nombreux petits exploitants de phosphate fossile, qui ne disposent, en général, que d'un très-petit capital, une production plus abondante et à meilleur marché.

Chaque syndicat cantonal ou régional aurait un délégué qui serait chargé d'adresser les demandes d'engrais à la Société, et de les recevoir soit aux gares des chemins de fer, soit dans les ports pour en faire directement la livraison aux cultivateurs.

Les paiements se feraient soit au comptant soit à terme. Le délégué syndical serait en même temps comptable de la société et, à ce titre, chargé de faire les encaissements, sous la responsabilité du syndicat, des engrais qu'il aurait livrés.

Pour les ventes faites à terme le prix de l'engrais serait augmenté de l'intérêt à 5 p. 0/0 l'an et l'acheteur donnerait au délégué, sur une feuille détachée d'un registre à souche au timbre de la société, un récépissé de l'engrais reçu, portant un bon à payer, augmenté des intérêts aux époques convenues.

Cette société ne devrait pas être une spéculation, mais avoir pour but principal de servir les intérêts de l'agriculture en l'exonérant d'abord de l'impôt de plusieurs centaines de millions dont elle est annuellement frappée par l'industrie des fraudeurs; et, en second lieu, de favoriser son développement en lui fournissant au plus bas prix possible tous les éléments de fécondité qui lui sont nécessaires.

La société ne devrait bénéficier que d'un faible écart entre le prix de revient et celui de vente de l'engrais.

La Banque de France, ainsi que les autres établissement financiers privilégiés, en raison du but que se proposerait une telle société devraient consentir a recevoir gratuitement, tant à Paris que dans leurs succursales, les souscriptions à son capital.

En indiquant, en dernier lieu, ce moyen pour parvenir à détruire la fraude dans les engrais, je n'ai d'autre pensée que d'appeler l'attention sur une idée dont l'application me semble aussi utile que facilement réalisable.

Peut-être était-il hors de propos de traiter un pareil sujet dans cette notice, mais j'ai l'espoir qu'on voudra bien me le pardonner en faveur du but que je me suis proposé et que je poursuis depuis tant d'années.

ANNEXE

DOCUMENTS ET PIÈCES JUSTIFICATIVES

RÉPUBLIQUE FRANÇAISE

LIBERTÉ, ÉGALITÉ, FRATERNITÉ

MINISTÈRE

DE L'AGRICULTURE ET DU COMMERCE

DIVISION DE L'AGRICULTURE

BUREAU

DES ENCOURAGEMENTS ET DES SECOURS

*Avis d'une circulaire adressée aux conseils géné-
raux des départements de la Loire-Inférieure,
des Côtes-du-Nord, du Finistère, d'Ille-et-
Vilaine et du Morbihan : Sur les fraudes
commises en matières de fabrication et de
commerce des engrais industriels.*

Paris, le 25 octobre 1848.

Citoyen, vous m'avez fait l'honneur de m'adresser une demande en date du 20 août, par laquelle vous appelez l'attention de l'administration de l'agriculture sur les fraudes commises dans la fabrication et le commerce des engrais industriels.

Vous me signalez le préjudice causé à l'industrie rurale par ces fraudes, en présence desquelles les moyens ordinaires de répression vous paraissent insuffisants tels qu'ils résultent de l'art. 423 du Code pénal, qui règle le droit commun sur la matière.

Vous appelez donc, contre les mêmes abus, des dispositions législatives particulières dont vous me donnez l'indication dans un projet de décret.

La vive sollicitude avec laquelle vous m'avez fait l'honneur de m'entretenir de cette importante question et les communications nombreuses que vous m'avez faites de vos recherches et de vos études sur cet objet, prouvent tout l'intérêt que vous portez à l'agriculture et le zèle qui vous anime pour son développement. — Heureux de me rencontrer avec vous, sur ce terrain qui est le mien de prédilection, je reconnais les dommages notables causés à notre agriculture par les engrais falsifiés et l'utilité des moyens qui lui permettraient de se prémunir contre les fraudes.

Ces considérations m'ont paru assez grandes pour déterminer un examen sérieux de la question. A cet effet, je viens d'adresser aux Préfets des cinq départements de la Bretagne, la Loire-Inférieure, les Côtes-du-Nord, le Finistère, l'Ille-et Vilaine et le Morbihan, dans lesquels les engrais dont il s'agit sont d'un emploi très-général, une circulaire demandant l'avis des Conseils généraux sur le degré d'efficacité des moyens actuels de répression des fraudes constatées dans la fabrication et le commerce des engrais industriels, ainsi que sur la nécessité de mesures législatives spéciales et la nature de celles qui devraient être substituées aux premières.

J'ai l'honneur de vous adresser ci-joint, un exemplaire de cette circulaire. Je pense qu'elle répondra à vos idées, et j'éprouverai une véritable satisfaction d'avoir contribué, avec vous, à mettre en lumière les dispositions nouvelles dont elle pourra faire sentir le besoin, pour l'accroissement de notre production agricole.

Salut et fraternité.

Le Ministre de l'agriculture et du commerce,

Signé : TOURRET.

FRAUDE DANS LES ENGRAIS INDUSTRIELS

Note adressée en 1852 à M. le Ministre de l'Agriculture et à un grand
nombre de Comices agricoles

MOYENS DE RÉPRESSION

A l'heure où le gouvernement semble vouloir remplacer, par une utile initiative, les ajournements infligés aux mesures les plus urgentes, il est opportun de rappeler à sa sollicitude une question d'une grande importance, sous un nom plus que modeste : « *La question des engrais.* »

Membre de la chambre consultative d'agriculture d'Ille-et-Vilaine, et occupé, depuis de longues années, de toutes les questions qui intéressent la production du sol, j'ai vu de près les désastres causés dans les campagnes des départements de l'Ouest de la France spécialement, par les fraudes inouïes commises dans le commerce des engrais. Déjà, dans les années 1842, 1844, 1846, 1848 et 1849, dans diverses publications et dans des rapports adressés au

Ministre de l'agriculture, j'ai appelé de tous mes efforts des mesures propres à les réprimer, à les arrêter, obéissant en cela aux intérêts les plus urgents et les plus immédiats de tous les agriculteurs.

Pour faire comprendre l'importance de cette question, il suffira de rappeler, aussi succinctement que possible, ses antécédents pour ainsi dire officiels.

Dans les communications du Ministre au conseil général de l'agriculture, des manufactures et du commerce, et dans le procès-verbal de la séance de ce conseil du 20 avril 1850, il est constaté :

1° Que le chiffre des ventes annuelles d'engrais industriels dépasse 50 millions de francs et que cette dépense est faite presque toute entière par dix départements de l'Ouest.

2° Que depuis 1834, les conseils généraux, les autorités administratives et judiciaires de ces départements ont fréquemment transmis des plaintes sur la fraute croissante du commerce des engrais et demandé un système complet de répression.

3° Que les seules mesures, fort insuffisantes d'ailleurs, prises jusqu'ici pour arrêter la fraude, ont consisté dans deux arrêtés préfectoraux pris dans les départements de la Loire-Inférieure et de la Mayenne et la création de vérificateurs d'engrais dans ces deux départements.

Après une discussion approfondie, le Conseil général de l'agriculture, effrayé du mal, demanda que des moyens de répression efficaces fussent appliqués le plus tôt possible. Son rapport flétrit, dans les termes les plus énergiques, « les hommes avides et sans foi « qui exploitent, d'une si désastreuse manière, la « crédulité et les désirs de progrès du cultivateur, « et qui, au milieu des déceptions dont ils les ren- « dent victimes, obtiennent un résultat constant, « celui de gagner de 750 à 1000 et même au delà « de 2,000 0/0. »

A la suite de ce rapport, une proposition fut formulée à l'Assemblée législative, par M. Jusserand, dans le but de mettre fin à ce honteux trafic ; cette proposition renvoyée à la commission d'initiative parlementaire donna lieu, le 15 avril 1851, à un rapport de M. de Mortemart qui, en faisant ressortir, devant l'Assemblée législative, l'importance de cette question, si petite en apparence, en reconnut l'influence fatale sur l'agriculture déjà si souffrante des départements de l'Ouest, et invoqua des mesures propres à y mettre un terme.

Après ce coup d'œil rapide sur le côté officiel, pour ainsi dire, de la question, il n'est sans doute pas indispensable d'entrer dans des explications plus détaillées pour faire connaître toute l'intensité du mal : aussi n'ajouterai-je que quelques mots qui en donneront la mesure.

M. le Ministre de l'agriculture a donné, en 1850, pour chiffre de la vente annuelle des engrais, plus de 50 millions de francs ; des documents pris dans les grands centres de fabrication, tels que Paris, Rouen, le Hâvre, Lille, Dunkerque, Nantes, Bordeaux, Marseille Caen, Rennes, Orléans, Saumur, etc., etc., me permettent d'affirmer que ce chiffre s'applique plus exactement à celui de la fraude et que ses principales victimes sont encore les départements de l'Ouest.

Mais l'agriculture ne souffre pas seulement du vol de 50 millions de francs qui lui est fait annuellement par l'industrie des falsificateurs d'engrais ; les conséquences d'une telle fraude sont bien autrement graves, puisqu'à cette somme il faut ajouter d'une part, les frais de culture et d'ensemencement, et de l'autre, le prix d'une récolte perdue par le fait de la valeur négative de l'engrais employé ; c'est donc au moins 8 fois cette somme ou 400 millions de francs de perte que subissent annuellement les cultivateurs, c'est-à-dire 22 fois le produit total de la rente 5 0/0. Quelle différence cependant pour le public, dans l'importance respective de ces deux questions ! l'une retentit d'un bout à l'autre de la France, et nos rues n'ont pas assez d'échos pour lui suffire ; le bruit de l'autre se perd dans nos champs appauvris ou n'est recueilli que par quelques hommes ignorés, voués au culte des intérêts agricoles.

Un tel état de choses est-il donc sans remède, puisqu'il a résisté si longtemps aux réclamations des gens de bien ? le vol organisé sous le manteau commercial, continuera-t-il de porter ainsi la ruine dans nos campagnes? Nous ne pouvons le penser et un pouvoir fort, soucieux des intérêts de l'agriculture et jaloux de prendre l'initative de toute mesure réellement utile, ne peut tarder à réprimer un abus si fatal aux cultivateurs.

Il est une mesure simple et d'une application facile, au moyen de laquelle on arriverait promptement, ce nous semble, à la suppressions des fraudes dont nous venons de parler.

Cette mesure consisterait dans un arrêté ou dans une loi qui contiendrait les prescriptions suivantes :

Tout commerçant ne pourra vendre des matières quelconques, indiquées comme étant propres à fertiliser les terres, qu'aux conditions qui suivent :

1º Chaque engrais, ou matière désignée comme telle, ne pourra être vendue, ou mise en vente, que sous sa dénomination propre et réelle, avec sa composition industrielle et l'analyse chimique de ses éléments constitutifs.

2º Les engrais ne pourront être vendus qu'au poids, avec indication de la quantité maxima d'eau qu'ils contiennent.

3° Les engrais mis en vente seront assimilés aux engrais vendus.

Ces dispositions une fois consacrées par un réglement d'administration publique, leur exécution sera exigée avec une rigoureuse exactitude.

Pour y parvenir, il suffira de créer, conformément à la demande du Conseil général de l'agriculture et du commerce, des bureaux ou laboratoires de vérificateurs d'engrais, dans tous les centres où ils seront utiles.

Un Inspecteur général de l'agriculture sera spécialement chargé de la surveillance de ces laboratoires qui pourront être confiés aux pharmaciens des chefs-lieux de départements, d'arrondissements, et quelquefois de cantons.

L'Inspecteur spécial devra s'assurer de l'exactitude des analyses, en donnant des échantillons du même engrais à plusieurs vérificateurs.

Ces échantillons d'engrais pourront être prélevés à toute époque, dans les magasins ou lieux de dépôts, par les maires, adjoints, employés des contributions indirectes, vérificateurs des poids et mesures, commissaires de police, gendarmes et gardes-champêtres, afin de s'assurer que les engrais vendus ou mis en vente sont parfaitement conformes aux prescriptions ci-dessus.

Des instructions spéciales, claires et précises, à la

portée des plus simples cultivateurs, seront répandues dans les campagnes, par les soins de l'Inspecteur général spécial de l'agriculture et l'entremise des comices agricoles, des maires et des vérificateurs, afin de les éclairer sur la valeur et l'utilité des engrais artificiels.

Enfin, la mission de l'Inspecteur général confiée à un homme possédant, en outre d'une instruction spéciale en chimie agricole, la connaissance de la nature des sols des différentes contrées où son action doit s'exercer, contribuera puissamment par ses conseils à faire réaliser dans l'économie agricole et la production du sol, des progrès qui ne sont aujourd'hui soupçonnés que par un bien petit nombre d'agriculteurs.

Paris, le 2 avril 1852.

Signé : DE MOLON.

ENGRAIS DE POISSON

BULLETIN

DE LA SOCIÉTÉ CENTRALE D'AGRICULTURE DE FRANCE

Séance du 24 Mai 1854

Présidence de M. CHEVREUL.

Monsieur le comte de Gasparin lit une note sur l'importance de l'engrais tiré des poissons et sur la quantité que l'on pourrait en faire venir de Terre-Neuve, où il existe une masse immense de débris de ces animaux et que l'on pourrait encore augmenter considérablement, si on évitait de jeter à la mer les parties que l'on enlève pour nettoyer les poissons. Une lettre du capitaine Gautier à M. de Molon, dit M. de Gasparin, fait connaître que sur 700,000 quintaux de poissons pêchés à Terre-Neuve 350,000 seulement sont salés et exportés. On pourrait obtenir 100,000 quintaux de poudre de poisson qui formeraient un engrais égal de qualité au guano. M. de Molon a déjà fait établir une fabrication de ce produit à Terre-Neuve et sollicite du gouvernement, des mesures qui encourageraient cette importation en l'assimilant à celle du poisson salé. Il s'agit en cette circonstance, fait observer l'honorable membre, d'accroître le frêt de notre marine et par conséquent le nombre de marins qui se formeraient à cette école. Si l'on importe des substances sous forme de chair de poisson, on en importerait sous *forme de blé*, en employant ce nouvel engrais à l'amélioration de nos cultures.

M. Chevreul dit qu'en effet, cette espèce d'engrais doit offrir de grands avantages, notamment par la quantité de matières osseuses qu'il renferme ; il a montré que les écailles se rapprochent beaucoup de la composition des os. Cet engrais lui paraît même rentrer plus que le guano dans les conditions des engrais ordinaires, en ce sens qu'il est d'une décomposition plus lente et qu'il doit contenir un plus grand nombre de principes différents s'il a été convenablement préparé pour être un bon engrais.

M. Payen est d'avis que l'importation et l'adoption d'un tel engrais seraient très-précieuses pour notre agriculture. Au point de vue historique, il rappelle les encouragements donnés par la Société à l'emploi des débris d'animaux morts ; il ajoute que M. Quatrefages avait signalé l'application des résidus de harengs , enfin qu'un jeune chimiste, M. Moussette, a été envoyé à Terre-Neuve par M. de Molon et à ses frais, pour examiner ces résidus de poissons, et en a signalé les propriétés utiles.

Séance du 7 Juin 1854.

Présidence de M. CHEVREUL.

M. de Molon, propriétaire agriculteur, fait remettre, par l'intermédiaire de M. L. Vilmorin, une note sur le *guano de poisson* et un flacon d'échantillons de cet engrais. Cette note renferme les titres suivants : *Considérations économiques; — production d'un nouvel engrais ; — moyen de production de la poudre ou guano de poisson.*

M. de Gasparin annonce qu'il a vu M. de Molon, que celui-ci a organisé à Terre-Neuve un établissement très en grand, pourvu de trois machines à vapeur, et en a formé un autre en Bretagne, à Concarneau. On a fait en Angleterre et en France, ajoute l'honorable membre, des analyses de cet engrais et la comparaison avec le guano du Pérou n'est pas à l'avantage de ce dernier. Le guano du Pérou se paye 30 fr. les 100 kilog. et son titre en azote est en moyenne de 8 à 12 pour 100. Or, le guano de poisson fournit 12 pour cent d'azote et ne coûte que 20 francs.

M. Chevreul trouve que cette communication est d'un grand intérêt ; il éprouve seulement le regret qu'on donne à l'engrais dont il s'agit le nom de guano. Il est d'avis qu'on ne doit pas donner un

même nom à deux matières différentes. Or, fait remarquer l'honorable membre, il n'y a pas entre le
guano véritable, formé de déjections d'oiseaux de
mer, et l'engrais de poisson, une assez grande ana-
logie pour motiver une similitude de nom.

M. de Gasparin répond que l'auteur le nomme
guano, ou poudre de poisson.

M. Chevreul pense que l'expression d'*engrais de
poisson* serait celle qu'il conviendrait d'adopter.

<hr>

Séance du 5 Juillet 1854.

Présidence de M. CHEVREUL.

M. Payen rend compte d'une troisième communication de M. de Molon, concernant sa fabrication
d'engrais de poisson à Concarneau, département du
Finistère. M. Payen donne lecture de sa lettre et, à
l'aide du plan qui y est annexé, il décrit les appareils et indique comment ils fonctionnent. En résumé, l'opération lui paraît très-praticable et établie
dans de bonnes conditions manufacturières.

M. Payen ajoute que, dans la vue d'alimenter ce
genre de fabrication, on a organisé une pêcherie
spéciale pour certains poissons que l'on mangeait
autrefois, mais qui aujourd'hui n'entrent plus dans
la consommation. Il donne les noms de quelques-

uns des poissons, d'après des renseignements fournis par M. Valenciennes : ce sont le *Merlues gadus merluccius* de Linné, nommé quelquefois Merluche, poisson long de 65 centimètres, avec lequel on prépare, à l'aide de la dessiccation, le produit connu dans le commerce sous le nom de *Stock fish* et dont la dureté, après cette préparation, est analogue à celle du bois et explique son nom ; les *peaux bleues,* désignation donnée par les pêcheurs à deux espèces : l'une, de la taille des carpes de moyenne grandeur, est abondante sur nos côtes de Bretagne, c'est le *Wrac* (*Labrus vetilla* des ichthyologistes) ; sa longueur ne dépasse pas 0^m 30 ; l'autre qui atteint une longueur de 60 à 75 centimètres, est une sorte de merlue, appelée aussi *colins* ou *merlan noir*, un peu moins abondant sur nos côtes que le précédent, c'est le *gadus carbonarius;* enfin le *spratz*, petite espèce côtière que l'on prend depuis les côtes rocheuses du Calvados jusqu'à La Rochelle. M. Valenciennes l'a nommé *Henrengula spratus*, en raison de sa ressemblance avec un petit hareng ; avant lui plusieurs ichthyologistes le confondaient avec la sardine.

M. Payen a su de M. de Molon que, dans l'usine de Concarneau, on peut préparer 8,000 kilogrammes par jour de cet engrais desséché. A Terre-Neuve, on opère dans des proportions encore plus vastes. Au surplus, ajoute M. le Secrétaire perpétuel, la commission présentera ultérieurement son rapport, lorsqu'il aura pu visiter l'usine avec M. Pommier, commissaire désigné comme lui à cet effet ; en attendant, il a pensé que ces premiers détails étaient de nature à intéresser la Société et à provoquer les observations de ses collègues. M. Bourgeois dit qu'on signale maintenant deux espèces d'engrais analogues, le guano des oiseaux de mer et l'engrais de poisson ; mais que, suivant les personnes qui s'occupent du commerce du premier, le deuxième engrais présenterait une infériorité.

M. Payen donne à cet égard les explications ; il rappelle ce qu'a dit M. Chevreul de l'engrais de poisson dans la dernière séance. Si cet engrais peut être livré à raison de 20 fr. les 100 kilogrammes à l'état pulvérulent et sec, ce sera, sans doute, une précieuse ressource pour l'agriculture ; il offre d'ailleurs sur le guano des oiseaux de mer cet avantage que la décomposition de la chair musculaire s'opère plus lentement. M. Payen ajoute que, déjà depuis plus de 10 ans, on emploie la morue plus ou moins avariée dans les colonies comme engrais pour les cannes à sucre, et qu'on en obtient de très-bons résultats : elle remplace avantageusement les fumiers qui, en général, manquent dans les colonies et ne peuvent être employés, faute de moyens éco-

nomiques de transport. L'expérience à cet égard
est donc faite et peut être considérée comme con-
cluante.

M. Baudement fait observer à l'appui, qu'on a déterminé la composition de cet engrais sec de poisson et qu'on a reconnu qu'il contenait 12 pour cent
d'azote et 24 pour cent de phosphate de chaux ; ce
qui correspond évidemment, dit l'honorable membre, à la composition d'un très-bon engrais.

Il ajoute, au surplus, que M. de Molon, avant
d'avoir fait monter en grand, une fabrique d'engrais
de poisson, avait, comme agriculteur, confectionné
et expérimenté avec succès cette sorte d'engrais ;
qu'ainsi il ne s'agit plus ici d'un essai, mais d'un
produit dont les bons effets sont éprouvés.

COMPTE-RENDU DE M. PAYEN

Au moment où, par tous les faits positifs et con-
cluants que nous venons de rappeler, ainsi que par
les remarquables effets du guano en divers pays, la
question générale des engrais usuels et des engrais
riches, ou commerciaux, reçoit du temps et de l'expérience de si vives lumières, une GRANDE INNOVA-
TION EN CE GENRE se prépare ; le premier avis nous
en est parvenu dans une note de M. le comte de

Gasparin signalant à l'attention de la Société les résultats obtenus déjà, par M. de Molon.

Ce ne sont plus seulement les débris de nos animaux domestiques qu'il s'agit de conserver, c'est au milieu des mers, sur des plages lointaines, que l'on veut soustraire aux énormes déperditions annuelles, les débris et résidus de toutes les pêcheries des nations. Et, si cette immense source de matières animales ne devait suffire, on dispose une organisation de pêcheries spéciales devant occuper les loisirs de nos marins, pour extraire de l'Océan, au profit de nos cultures, les divers poissons, naguère négligés des pêcheurs, parce qu'ils n'étaient pas acceptés dans la consommation alimentaire. M. Morin a rappelé que des échantillons de ces nouveaux produits avaient été remis, en 1852, au Conservatoire et analysés dans les laboratoires de M. Payen.

Déjà, depuis deux ans, des procédés manufacturiers, qui semblent économiques, ont permis de soumettre, dans les parages de Terre-Neuve et sur nos côtes, à la cuisson, à une dessiccation rapide et à la mouture, les débris, résidus et produits spéciaux, des pêcheries ;

De rassembler, sécher et pulvériser également les débris osseux ramenés par la vague et accumulés sur les plages.

Mais à leur début, l'auteur du procédé a agi sagement en se réservant de faire connaître plus tard ses projets et ses moyens.

Ces intéressantes opérations viennent de vous être soumises dans tous leurs détails, et la section des sciences physico-chimiques, à laquelle le premier examen était naturellement dévolu, reconnut bientôt, au caractère extérieur et à la composition immédiate des échantillons, que le nouvel et peut-être inépuisable engrais, réunit les conditions favorables que tous les agriculteurs instruits recherchent dans les engrais riches, les seuls qui puissent donner lieu, malgré les frais de main-d'œuvre, de combustible et de transport, à un commerce important et loyal.

M. Chevreul a fait remarquer que l'état dans lequel se présentent ces débris animaux desséchés et divisés est favorable à une décomposition plus lente et mieux en rapport avec la végétation, que les émanations, trop promptes parfois, d'autres engrais aussi riches mais moins durables.

Bien que le peu de temps écoulé depuis que la fabrication nouvelle s'est trouvée prête à livrer ses premiers produits, n'ait pu permettre de juger définitivement l'avenir réservé à l'industrie naissante, il était convenable, sans doute, de vous dire en ce moment les espérances qu'elle inspire et les vœux que nous formons pour son succès.

Séance du 9 août 1854.

Présidence de M. CHEVREUL.

RAPPORT DE M. PAYEN

Messieurs,

Vous avez accueilli avec un vif intérêt la première communication que vous a faite notre confrère M. de Gasparin relativement à une industrie nouvelle fondée par M. de Molon, et ayant pour résultat la production d'un riche engrais commercial. Il s'agissait de l'emploi de débris animaux, négligés sur divers points, incomplétement utilisés en d'autres endroits. En effet, ces débris étaient trop volumineux et trop lourds; ils avaient, à l'état normal, trop peu de valeur pour supporter les frais de transport à de grandes distances; on ne pouvait donc les utiliser que dans le voisinage des lieux où ils se trouvaient.

Sans doute on connaissait depuis longtemps la puissance des débris de poissons appliqués à l'état frais comme moyen de fertiliser les terres : ce fut même, en considérant les effets utiles de ces matières, que M. de Molon, agriculteur du Finistère, fut conduit à en faire usage dans ses cultures, puis à tenter d'en réduire le poids et le volume par la dessiccation ;

de les diviser ensuite de façon à rendre cet engrais transportable économiquement et facile à répandre, imitant jusqu'à un certain point à cet égard ce qui avait été pratiqué avec succès autrefois, pour la préparation du sang et de la chair desséchés.

Les trois mémoires présentés par M. de Molon..., les discussions attentives dont ils ont été l'objet au sein de la Société centrale, enfin le compte rendu, par l'un de vos délégués spéciaux, M. Pommier, d'une visite à l'usine de Concarneau (Finistère), ont bien fait connaître toutes les particularités de cette entreprise. Nous pourrons donc nous borner ici à vous rappeler brièvement les faits.

Les matières premières de l'industrie nouvelle se composent d'un côté, du produit des pêcheries spéciales instituées en vue de recueillir des quantités considérables de poissons, peu estimés pour l'alimentation des hommes et, en second lieu, des débris ou déchets jusqu'alors rejetés à la mer dans les pêcheries de morue.

Ces deux sources de matières premières peuvent alimenter, tant sur nos côtes, que dans les parages de Terre-Neuve, et en d'autres localités, de très-grandes fabrications ; aucun doute ne s'est élevé sur ce point.

Quant aux procédés, mis en usage par M. de Molon, ils sont bien entendus et d'une exécution facile ;

les matières tout humides, poissons entiers et débris, sont placées dans une chaudière à double enveloppe, communiquant à volonté par un axe creux
avec le générateur, et offrant une grande surface à
la vapeur qui doit l'échauffer ; au commencement
du chauffage, on laisse une issue à l'air par un petit
robinet, puis la cuisson s'effectue en vase clos. La
vapeur, introduite dans la double enveloppe sous la
pression de quatre ou de cinq atmosphères, élève la
température des parois jusqu'à 140, 150 degrés et
même un peu au-delà. En trente minutes, la cuisson
est opérée; alors, on intercepte l'accès de la vapeur
dans la double enveloppe, on laisse échapper de la
chaudière la vapeur comprimée au-delà de la pression atmosphérique, puis on ouvre et l'on fait bas-
culer cette chaudière de façon à ce qu'elle laisse
tomber sur le carrelage la substance cuite. Tout le
produit consistant de la cuisson est immédiatement
soumis à une pression très-forte; un liquide aqueux
s'en écoule, entraînant avec lui une partie des matières grasses qui viennent surnager et dont on extrait
ainsi, 1 1/2 à 2 pour 100 d'huile de poissons et débris bruts employés. Les espèces de tourteaux obtenus de cette manière sont alors divisés à la râpe ; la
pulpe charnue et osseuse qui en résulte, est aussitôt
soumise à une dessiccation méthodique dans une
étuve où des châssis tendus de toile la reçoivent et

l'entraînent vers une direction contraire à celle que suit l'air chaud en mouvement.

Arrivée à l'autre bout de l'étuve, la matière sèche renferme à peine 2 à 3 0/0 d'eau hygroscopique, elle en absorbe bientôt à l'air libre 2 ou 3 0/0 de plus ; on l'emballe, ne contenant en somme que 5 à 6 pour 100 d'eau, représentant alors 20 à 22 pour 100 du poids des poissons frais.

Cette opération manufacturière peut déjà fournir journellement 4 à 5,000 kilog. d'engrais secs provenant de 18 à 25,000 kilog. de poissons et débris humides. Si l'on admet, au minimum, deux cents jours de pêche et de fabrication par an, l'établissement de Concarneau produirait seul de 1 à 2 millions de kilog. de cet engrais. Les débris de la préparation des sardines, naguère négligés, pourront accroître la fabrication de cet engrais commercial.

M. de Molon compte en outre, pour développer davantage cette industrie, sur l'emploi des merlues arrivant en nombre considérable à certaines époques dans ces parages et excédant de beaucoup alors la consommation qu'on en peut faire pour les salaisons et comme aliment de la population riveraine.

Avec un matériel de pêche porté à soixante ou soixante-dix bateaux, agrès et accessoires, M. de Molon, se proposant de doubler le matériel existant, veut quadrupler la fabrication actuelle, qui pourra fournir de 6 à 8 millions de kilog. d'engrais commercial chaque année.

Cette industrie ne doit pas s'arrêter là ; en effet, les quantités de poisson qui affluent, en différentes époques de l'année, dans certaines mers, sont telles que les matières premières ne sauraient lui manquer.

On sait que, dans la partie sud de l'état du Connecticut, les cultivateurs utilisent une partie des immenses quantités de *white-fish* pêchées annuellement dans le détroit de Long-Island. Le président de la Société du Connecticut, un de nos correspondants aux Etats-Unis, assure d'avoir vu prendre plus de 200,000 de ces poissons équivalant à 200,000 kil. en un seul coup de filet (1).

(1) Voici ce que m'a dit notre confrère, M. Valenciennes, que j'ai consulté sur ce point :

Le *white-fish* est mon *alausa menhaden*; cette espèce d'alose remonte tous les ans régulièrement de la mer dans les grands fleuves septentrionaux des états de l'Union ; la Delaware et surtout le St.-Laurent en reçoivent des bancs innombrables. C'est une des richesses bien appréciées des gouvernements des différents états du Nord. Elle est protégée par les lois à ce point que l'on a fixé les époques pendant lesquelles les portes des écluses doivent être ouvertes afin de ne pas gêner la montée du white fish.

On en exporte un nombre considérable de barils ; près de 1500 sortent tous les ans des quais de New-York.

C'est une des espèces dont, après le hareng, on prend le plus d'individus à la fois. On cite des coups de filet qui en ont pris 84,000 et un autre, dans le canal de Bridgehampton, près Long-Island, qui en contenait 168,000.

Cette alose devient assez forte, quoiqu'elle n'atteigne jamais la

Les débris si faciles à recueillir de la première
préparation des morues semblent offrir des ressources plus directement encore réalisables et non
moins importantes : sur 1,400,000 tonneaux de ces
poissons frais récoltés année moyenne, les pêcheries
utilisent seulement 700,000 tonneaux, et rejettent
le reste à la mer; cette énorme quantité recueillie,
soumise aux procédés de cuisson, de pression, de
séchage et de pulvérisation, donnerait annuellement
plus de 140,000 tonneaux ou 140 millions de kilog.
d'un engrais sec, pulvérulent et riche, quantité qui
représente le chargement de près de 300 navires de
500 tonneaux et la fumure de 350,000 hectares de
terre, à raison de 400 kilog. par hectare.

Cet engrais, reconnaissable à ses caractères particuliers, appréciable mieux encore par le dosage de
l'azote dont il renferme 10 à 12 pour 100 et des
phosphates dont il contient 16 à 22 centièmes, cor-

grandeur de notre espèce d'Europe; sa longueur ne dépasse
guère 0 m. 30 et sa largeur 0 m. 07.

Ce poisson est très-huileux, les petits sont jetés sur les champs
comme engrais ; on en extrait aussi de l'huile. Mais cette industrie n'a pas pris, que je sache, un assez grand développement
aux États-Unis ; on pourrait extraire de ces masses de *white-
fish* convenablement pressées, une huile tout-à-fait analogue au
tangrum des Suédois et qui est retiré du hareng; le marc de
cet extrait laisserait un excellent et riche engrais principalement
formé de matières azotées et de phosphates.

respond, sous ce rapport, à la composition du meilleur guano (1).

Il offrirait, en raison de sa structure organique, l'avantage d'une décomposition plus lente et mieux appropriée au développement des végétaux.

Si, d'ailleurs, les prix de revient qu'il ne nous appartient pas d'établir, et, par suite, les prix de vente, restent, comme le pense M. de Molon, notablement au-dessous des cours de l'engrais péruvien, on pourra dire QUE JAMAIS ENGRAIS COMMERCIAL, EN Y COMPRENANT LE NOIR DE RAFFINERIE ET LE GUANO, N'AURA PROMIS DE PLUS GRANDS BIENFAITS A L'AGRICULTURE.

La Société impériale et centrale d'agriculture ne pouvait manquer d'accueillir, avec la plus vive sympathie, d'aussi grandes espérances, heureuse de les avoir exprimées la première, plus heureuse encore de pouvoir bientôt, sans doute, reconnaître convenablement leur complète réalisation.

____

(1) Les relations entre les matières azotées et les phosphates pourraient différer entre de plus larges limites, s'il arrivait que la proportion des poissons cartilagineux fût augmentée et qu'elle fît alors diminuer davantage les principes organiques azotés.

DÉCOUVERTE EN FRANCE DE GISEMENTS

DE

PHOSPHATE DE CHAUX FOSSILE

MÉMOIRE LU A L'ACADÉMIE DES SCIENCES

Le 29 décembre 1856, inséré dans le compte-rendu des séances
du 5 Janvier 1857
et reproduit dans le *Moniteur universel* n⁰ du 7 janvier.

L'emploi, comme engrais, du phosphate de chaux, sous forme de noir animal, résidu des raffineries, a produit dans l'ouest de la France, des résultats merveilleux ; mais les quantités produites, jointes à celles qui sont importées, non-seulement de toute l'Europe, mais encore de l'Amérique, sont déjà insuffisantes pour répondre aux besoins de cette seule contrée et pour ainsi dire insignifiantes si l'on considère les nécessités générales du sol.

Il était donc du plus haut intérêt agricole de trouver une nouvelle source de phosphate de chaux assez abondante pour répondre à tous les besoins de la culture.

Des gisements d'apatite et de phosphorite ont été
trouvés, il est vrai, en Espagne (Estramadure), mais
la difficulté de leur transport et surtout l'obligation
de les dénaturer, pour rendre leur phosphate assimilable, ne permettent pas d'espérer, quant à présent
du moins, de les obtenir à un prix assez réduit pour
les utiliser avec avantage.

On a également découvert en Angleterre des gisements de chaux phosphatée et de cropolithes que
l'on utilise avec le plus grand succès, sous forme de
superphosphate, c'est-à-dire après les avoir séparés
de leur base par l'acide sulfurique; mais ces gisements sont peu importants et peuvent à peine suffire
aux besoins des contrées voisines de leur exploitation.

En France, quelques indices de chaux phosphatée
ont été signalés par MM. les ingénieurs des Mines
Elie de Beaumont et Berthier, mais jusqu'ici on n'a-
vait pas constaté l'existence de gisements réguliers
et utilement exploitables.

Cependant, de plus en plus pénétré du puissant
intérêt qu'aurait, pour l'agriculture française, la découverte de gisements de phosphate de chaux assez
étendus pour répondre à tous les besoins, j'ai consacré de longues années aux recherches dont je viens
faire connaître les résultats à l'Académie.

Un premier examen sommaire qui embrassa

trente-neuf départements augmenta d'abord, dans une proportion très-considérable, le nombre des indices qui pouvaient servir à établir l'existence des gîtes réguliers que je cherchais. Ces départements sont : l'Oise, la Seine-Inférieure, le Calvados, l'Eure, l'Orne, l'Eure-et-Loir, la Sarthe, le Maine-et-Loire, la Loire-Inférieure, l'Indre-et-Loir, la Vienne, la Vendée, la Charente-Inférieure, la Charente, la Dordogne, le Lot, l'Aude, l'Hérault, le Gard, les Bouches-du-Rhône, le Var, le Vaucluse, les Basses-Alpes, la Drôme, l'Isère, le Cher, l'Indre, la Nièvre, l'Yonne, l'Aube, la Haute-Marne, la Côte-d'Or, la Marne, la Meuse, les Ardennes, l'Aisne, le Nord, le Pas-de-Calais et la Somme.

Ces indices appartenaient, pour une petite partie, aux formations géologiques dites jurassiques, et pour la plus grande partie, à la formation crétacée.

La falaise du Hâvre à Fécamp, le pourtour du Bray (Fresle, Saint-Sulpice, Oniard, Saint-Martin-le-Nœud, Tuilerie-de-Trépié), la falaise de Wissant et tout le parcours du mamelon jurassique du Boulonnais (Leubringhem, moulin de Fernaville, environs d'Hardinghen et de Fiennes, glaisières des tuileries de Colembert, glaisières des tuileries de Brunemberg, glaisières et sablières des poteries de Desvres, glaisières du Breuil, glaisière de Menty et chemins voisins, environs de Verlinctun, environs de Pelinctun, environs de Nesles, plusieurs chemins longeant ou coupant le chemin de fer de Paris à Boulogne près de Neufchâtel, et champs voisins); les environs d'Anappes et de Lezennes (Nord); les environs de Novion-Porcien, de Macheromenil, de Saulces-aux-Bois, d'Ecordal, de Savigny, de Saint-Morel; les minières d'Echande, de Grand-Pré, de Chevières, de Marcq et d'Apremont (Ardennes); les environs de Vienne-le-Château et de Sermaize (Marne); les environs de Montblainville, de Varennes, de Neuvilly, d'Aubreville, de Lochères, de Clermont-en-Argonne; de Rarecourt, à la Tuilerie neuve établie près de ce village, de Waly, de Foucancourt, de Triaucourt, de Senard, de Vaubecourt, de Villotte, de Loupie-le-Château et de Gros-Termes (Meuse); les environs de Baudon-Villiers, de Valecourt, de Moëlains et de Lonze (Haute-Marne); les environs de Dienville et de Gérodot, la tranchée de Montiéramay près Lisigny, la ferme de Saint-Martin, la glaisière des tuileries de Montchevreuil (Aube); les environs de Saint-Florentin et de Toucy (Yonne), me fournirent de nombreux échantillons.

Un second examen plus approfondi et appliqué seulement à onze des départements énumérés plus haut. (Seine-Inférieure, Oise, Pas-de-Calais, Nord, Aisne, Ardennes, Meuse, Marne, Haute-Marne, Aube et Yonne), une observation plus attentive des circonstances de gisement dans lesquelles se trouvaient placés les divers indices reconnus, me firent voir que des liens de continuité existaient entre eux ; de nombreux sondages et des fouilles multipliées, exécutés dans le voisinage des lignes d'affleurement, confirmèrent constamment le fait et mirent hors de doute l'existence de gîtes réguliers.

Ces gîtes appartiennent tous à la formation crétacée et font partie du bassin anglo-parisien, dont le centre est à Paris et les bords à Honfleur, Argentan, Alençon. Le Mans, la Flèche, Angers, Loudun, Châtellerault, Mehun, Sancerre, Auxerre, Bar-sur-Seine, Saint-Dizier, Clermont-en-Argonne, Vouziers, Rethel, Rosoy et Aubenton.

Dans les bassins pyrénéen et méditerranéen, je n'ai encore rencontré que de simples indices ; j'espère cependant que ces indices me conduiront à des découvertes importantes, car la présence du phosphore en grande quantité est un des traits caractéristiques de la formation crétacée ; on l'y rencontre à tous les étages : dans le néocomien, dans le sable vert inférieur, dans le gault, dans le sable vert supérieur, dans la craie chloritée, dans la craie marneuse, dans la craie blanche et dans un banc de craie chloritée, qui, quelquefois, sépare ces deux étages.

3

Quelques craies nodulaires ne sont que des chaux phosphatées.

Lorsque la roche encaissante est solide, la chaux phosphatée s'y présente en nodules disséminés et empâtés dans la masse. La grosseur de ces nodules varie entre celle d'une noisette et celle d'un œuf d'autruche (terrain néocomien, craie chloritée, craie marneuse, craie blanche.)

Lorsque la roche encaissante est meuble, la chaux phosphatée s'y présente en nodules indépendants et constitue, sous cette forme, des lits réguliers dont l'épaisseur varie entre 10 et 35 centimètres (sables verts inférieurs, sables verts supérieurs).

D'après de nombreuses analyses faites par M. Bobierre, président de la Société académique de Nantes, et chimiste vérificateur des engrais dans le département de la Loire-Inférieure, analyses répétées au laboratoire de l'Ecole normale de Paris, la richesse en phosphate de chaux des nodules de la première catégorie, varie entre 32 et 60 pour cent ; celle des nodules de la seconde entre 45 et 65 pour cent. Quant aux nodules de l'argile du gault, ils contiennent jusqu'à 70 pour cent.

Le lit régulier du sable vert inférieur se montre au jour sur une très-grande étendue. En suivant de l'est à l'ouest le bord septentrional du bassin crétacé anglo-parisien, on voit ce lit affleurer, d'abord sur le pourtour de l'îlot jurassique du Boulonnais, dans les communes de Wissant, de Leubringhem, d'Hardinghem, de Colembert, de Brunembert, de Lottinghem, de Vieil Montier, de Desvres, de Longuefosse, de Vierre-au-Bois, de Tingry, de Verlinctum, de Nesles, de Neufchâtel et jusqu'aux bords de la mer.

Des fouilles nombreuses, pratiquées sur toute l'étendue de cette ligne, m'ont démontré que le lit existe à une petite profondeur au-dessous du banc de l'argile du gault et lui est *constamment subordonné*.

En quittant l'îlot du Boulonnais, pour reprendre le bord principal du bassin, on voit reparaître le lit de nodules phosphatés avec le gault, d'abord vers la limite orientale du département de l'Aisne, à Wassigny, puis de là, on le suit presque sans interruption, à travers les départements des Ardennes, de la Meuse, de la Marne, de la Haute-Marne, de l'Aube et de l'Yonne, jusqu'à douze kilomètres, environ, au sud d'Auxerre. Au-delà, et sur tout le bord méridional et oriental du bassin, on ne trouve plus que la craie tuffeau et chloritée.

La ligne d'affleurement ci-dessus indiquée n'a pas moins de 400 kilomètres de longueur, avec des largeurs variables entre 1,000 et 10,000 mètres. Le lit de nodules phosphatés y est exploitable, sans beaucoup de frais, sur un très-grand nombre de points, notamment dans toute la traversée du Boulonnais, depuis Wissant jusqu'à Neufchâtel; dans la majeure partie de la traversée des Ardennes, de Novion-Porcien à Marcq et au-delà, dans les cantons de Varennes, de Clermont, de Triaucourt et de Vaubecourt (Meuse), dans le canton de Sermaize (Marne), dans le canton de Saint-Dizier (Haute-Marne).

Le lit du sable vert supérieur, parallèle au premier, ne se montre au jour que sur un petit nombre de points : dans le Boulonnais, cn le voit aux environs de Wissant; dans les Ardennes, on le retrouve dans les minières du canton de Grand-Pré, notamment dans celle de la Grande Décombre, près Marcq.

Les nodules disséminés dans la craie chloritée, occupent de très-grandes étendues dans la falaise de la Seine-Inférieure, dans le Bray, dans le Boulonnais, dans l'Aisne, dans les Ardennes, la Meuse, la Marne, etc. ; mais ces nodules ne pouvant s'isoler économiquement de la roche qui les empâte, leur exploitation, dans leurs conditions normales de gisement, ne saurait être fructueuse, la roche ne contenant en moyenne, que 5 à 7 pour cent de phosphate de chaux.

Mais lorsque cette roche forme la surface du sol, et que par une longue exposition à l'action des agents atmosphériques, elle se trouve désagrégée et réduite à l'état de sable, les nodules, rendus libres, s'accumulent alors à la surface et deviennent, en cet état, très-facilement exploitables. C'est dans ces conditions qu'on les trouve dans une partie des cantons de Novion-Porcien, d'Attigny, de Vouziers, de Montbois et de Grand-Pré (Ardennes); de Varennes, de Clermont en Argonne, de Triaucourt et de Vaubecourt (Meuse); de Vienne-le-Château et de Sermaize (Marne) où l'on n'a que la peine de les ramasser.

Enfin, les nodules rencontrés dans la craie marneuse et dans la craie blanche, dans le Bray (Seine-Inférieure), dans les carrières de Lezennes (Nord) et lieux circonvoisins, dans les environs de Rethel (Ardennes), occupent aussi des espaces considérables; mais ils forment au plus le cinquième de la roche encaissante, ils ne paraissent pas jusqu'à présent plus fructueusement exploitables que les craies chloritées en roches. Cependant ces sortes de gisements ne sont pas définitivement étudiés et devront faire l'objet d'un examen tout spécial.

De l'étude du Bray, l'on peut déjà conclure que la constitution géologique de ce pays est identique à celle du Boulonnais. Comme dans le Boulonnais, le gault s'y montre sur tout le pourtour du noyau jurassique qui a amené au jour le terrain de craie inférieure; comme dans le Boulonnais, le banc de

glaise du gault s'y montre rempli de nodules disséminés, très-riches en phosphates. Il est donc très-
probable que le lit de nodules phosphatés qui, dans
le Boulonnais, existe au-dessous de ce banc de glaise,
existe aussi dans le Bray, au-dessous de ce même
banc, et que si, jusqu'à ce jour, sa présence n'a pas
été définitivement constatée, cela tient à des difficultés de terrain superficiel qui disparaîtront devant
des sondages et des fouilles.

Trois ouvrages de ce genre, exécutés il y a quelques années, dans la ville de Neufchâtel, pour chercher de l'eau, ne laissent pas de doute à cet égard ;
mais lorsque le fait sera pratiquement établi, on
aura, au milieu du bassin parisien, deux îlots (le
Boulonnais et le Bray), où la présence du lit subordonné à l'argile du gault sera constatée. Le puits artésien de Grenelle, où un lit de nodules phosphatés
se montre dans les mêmes circonstances géologiques, formera un troisième point ; alors on pourra
légitimement en conclure que le lit reconnu sur le
bord oriental du bassin dans les Ardennes, la Meuse,
la Marne, la Haute-Marne, l'Aube et l'Yonne, n'est
pas un simple dépôt littoral, mais un dépôt général
qui occupe au moins toute la partie du bassin située
au Nord de la Seine.

En résumé, et sans attendre le résultat de nos
études ultérieures, nous pouvons dès à présent cons-

tater que nous avons découvert une source inépuisable de phosphates de chaux qui représente, pour
la France, une richesse nouvelle considérable.

Afin de démontrer les avantages que l'emploi de
ces phosphates présentera dans la pratique agricole,
j'en ai fait commencer l'exploitation sur divers points
des départements des Ardennes, de la Meuse, notamment à Monthois, Saint-Morel, Grand-Pré, Chevières, Marcq, Saulces et Macheroménil (Ardennes),
Varennes, Bourreuilles, Clermont, les Islettes, Re-
vigny, etc. (Meuse), et déjà livré gratuitement des
quantités importantes à un grand nombre d'Agriculteurs de la Bretagne et du centre de la France qui
ont consenti à en faire l'essai dans leurs cultures.

Signé : DE MOLON.

ÉTAT DE SITUATION

Au 25 janvier 1858,

DE L'EXPLOITATION DU PHOSPHATE DE CHAUX FOSSILE

Existences dans les magasins de la Villette-Paris.

Phosphate de chaux en nodules.............	kil.	3.400.000
Phosphate de chaux pulvérisé..............	do	300.000
	do	3.700.000

Nodules de phosphate de chaux prêts à être chargés dans les ports de Rethel, Attigny, Vouziers (Ardennes), Dun-sur-Meuse, Brieulles-sur-Meuse, Bar-le-Duc et Révigny (Meuse), environ. kil 4.144.000

Nodules de phosphate de chaux lavés sur les lieux d'extraction, savoir : à Cornay, Lançon, Marcq, Chevières, Champigneulle, Sommerance, Fléville, St-Juvin, Bayonville, Remouville, St-Georges, Landres et Landreville, environ..... kil. 10.360.000

A Grand-Pré, Termes, Échaudes, environ... do 1.480.000

A Apremont, Exermont, Montblainvillle, Charpentry, Baulny (Meuse), environ............. do 740.000

A Varennes, Boureuilles, Neuvilly, Avocourt. do 888.000

A Clermont, aux Islettes, Rarecourt (Meuse). do 2.664.000

A reporter....... 23.976.000

Report........	kil.	23.976.000
A Froidos, La Grange-le-Comte, Autrecourt, Brizeaux, Foucaucourt, environ..............	d°	2.220.000
A Lemont, Rexigny, Triancourt, environ....	d°	2.664.000
A Bautheville, Cunel, Brieulles, Romagne, Tailly, environ............................	d°	1.776.000
A Novion-Porcien, Saulces, Monclin, Machero-ménil, Sorcy, Vaux, environ................	d°	3.575.000
Total général.......	kil.	34.211.000

RÉCAPITULATION.

300.000 kilog.	Phosphate pulvérisé en sacs	Dans les magasins de la Villette-Paris.
3.400.000 »	Phosphate en nodules	
4.144.000 »	Phosphate en nodules sur les ports d'expédition.	
26.211.000 »	Phosphate en nodules lavés sur les lieux d'extraction.	

34.211.000 kilog. Total égal.

Paris, 16 Mai 1860

MONSIEUR DE KERMAREC, AVOCAT A PARIS

Monsieur,

J'ai reçu avec le plus grand intérêt la lettre que vous avez bien voulu me faire l'honneur de m'écrire le 8 de ce mois. J'y aurais répondu moins tardivement, si j'avais été moins maladroit à lire votre signature.

Vous me demandez d'abord si, « avant la « communication de M. de Molon à l'Académie « des Sciences, en décembre 1856, il était à la « connaissance de MM. les Ingénieurs des Mines « et de l'Académie, qu'il eût été pratiquement « découvert, circonscrit et signalé en France, des « gisements de phosphate de chaux fossile uti- « lement exploitables. »

J'ai répondu implicitement à cette question dans différents articles insérés au Moniteur en février 1857 ; j'ai cité tout ce qui était alors à ma connaissance sur l'existence de gisements de phosphate de chaux en France et je n'ai eu à mentionner que des documents purement scientifiques.

M. de Molon est très-certainement le premier qui ait signalé des gisements exploitables de phosphate de chaux, en France ; il est le premier qui ait ouvert, dans un but industriel, des exploitations de phosphate de chaux. Jusqu'à lui on n'en avait recueilli que quelques échantillons qui avaient été placés dans les collections minéralogiques.

Je dois déclarer que c'était aux travaux de M. de Molon que je faisais allusion, lorsque, le 23 octobre 1857, je disais à la fin de ma préface : « Je regrette
« de n'avoir pu y indiquer les nombreux gisements
« de phosphate de chaux qui, tout récemment, ont
« été découverts et mis en exploitation dans diffé-
« rentes parties de la France, mais j'espère que
« ces découvertes, devenues l'objet d'une industrie
« déjà importante, seront bientôt l'objet de pu-
« blications spéciales.

Vous me demandez en second lieu : « si avant
« l'exploitation de M. de Molon, il avait été ex-
« trait en France des nodules de phosphates de
« chaux fossiles. »

Je répète qu'il n'est pas à ma connaissance qu'avant 1856 on en eût découvert des quantités exploitables, à plus forte raison extrait.

En troisième lieu, vous me demandez enfin et surtout : « s'il avait été livré à l'Agriculture
« Française du phosphate minéral à l'état de poudre

« naturelle et s'il était connu, avant l'application que
« M. de Molon en a fait faire, que sous cette forme
« l'agriculture pouvait utilement l'employer. »

Je n'ai connaissance d'aucune autre expérience
faite à cet égard, et je regarde comme certain que
M. de Molon a été le premier à livrer aux Agriculteurs, le phosphate de chaux naturel, soit en
nodules soit pulvérisé ; en 1856, nous ignorions,
M. Dufrenoy et moi, que cette exploitation pouvait se faire industriellement.

Je crois donc pouvoir répondre affirmative-
ment à votre dernière question : « M. de Molon
« a-t-il, par son travail, donné à la Société un
« produit nouveau et utile ? »

Je crois que M. de Molon a créé une industrie
nouvelle qui grandira de plus en plus et qui rendra
à l'Agriculture les plus importants services.

Vous pouvez, Monsieur, faire tel usage que
vous voudrez de ces déclarations qui sont, de ma
part, l'expression d'une conviction très-réfléchie
et, si vous parvenez à faire rendre à M. de Molon
la justice qui lui est due, je vous en féliciterai
comme d'une bonne action à laquelle je serais
heureux de pouvoir contribuer moi-même.

Votre dévoué serviteur,

Signé : L. ÉLIE DE BEAUMONT.

EXTRAIT

D'UN RAPPORT FAIT A L'OCCASION DU CONCOURS
RÉGIONAL DE NANTES PAR M. BOBIERRE

AUJOURD'HUI DIRECTEUR DE LA FACULTÉ DES SCIENCES DE NANTES
ET ALORS PROFESSEUR DE CHIMIE

(*Courrier de Nantes*, 1er juin 1859.)

Un fait d'une autre nature s'est également produit
depuis quelques années, et il ouvre un tel avenir à
la production des engrais destinés aux cultures de
l'Ouest que nous n'hésitons pas à le placer au premier rang parmi les circonstances industrielles qui
viendront avant peu en aide à l'agriculture ration-
nelle. Nous voulons parler de la découverte des
phosphates fossiles, dont l'exploitation qui se fait en
ce moment même sur une vaste échelle centuplera
certainement avant dix ans. Nous avons regretté de
ne pas voir parmi les produits agricoles du concours
régional, des échantillons de cette précieuse substance, telle qu'elle est obtenue de ses gisements. A
son égard, au surplus, les expériences pratiques sont

faites et la question commerciale est résolue, puisque, grâce à son exploitation, la France peut désormais compter sur des milliers de tonnes d'engrais dont le phosphate de chaux réel revient à 12 c. le kilog. au consommateur. C'est par milliers de tonnes que les Anglais nous enlèvent déjà cette matière, et nous reconnaissons, à cette initiative agricole, les spéculateurs entreprenants qui, après avoir alimenté leurs champs de turneps, avec les os de toute l'Europe, ont été demander aux pampas de l'Amérique du Sud leurs débris osseux accumulés depuis des siècles, et aux carrières de la Norwége, les phosphates en roche, élément précieux de fertilisation.

Cette question des phosphates fossiles a eu contre elle le rire niais de la vieille routine, et cependant, elle fait trou dans l'opinion et conquiert une large place au domaine du succès. Elle avait le tort d'être neuve, mais c'est un tort dont chaque jour tend à la guérir. Nous le répétons, elle constitue certainement le problème le plus important de l'industrie agricole moderne.

Signé : Adolphe BOBIERRE.

NOTE de Me MARIE, avocat à la Cour d'appel.

ANNULATION DES BREVETS DE M. DE MOLON

POUR L'APPLICATION A L'ÉTAT DE POUDRE NATURELLE
DES PHOSPHATES DE CHAUX DONT IL AVAIT DÉCOUVERT EN FRANCE
DES GISEMENTS CONSIDÉRABLES,
PAR UN JUGEMENT DU TRIBUNAL DE LA SEINE EN DATE DU 9 JUIN 1860,
CONFIRMÉ PAR UN ARRÊT DE LA COUR DU 17 MAI 1861.

M. de Molon avait pris aux dates de 22 mai 1856 et 14 mai 1857 deux brevets principaux de quinze ans pour l'emploi, *à l'état de poudre naturelle,* des phosphates de chaux fossile, dont il avait découvert en France des gisements considérables.

Sur la demande de MM. Chery frères, ses *entrepreneurs d'extraction,* le tribunal de la Seine, par son jugement en date du 9 juin 1860 a annulé les brevets M. de Molon sous le prétexte que *M. de Molon ne prétendait avoir inventé que la pulvérisation des phosphates, ce qui ne saurait constituer une nouveauté. Ses brevets manquaient de la condition essentielle à leur validité.*

Par son arrêt du 17 mai 1861, la cour de Paris a rejeté cette théorie et néanmoins elle est arrivée au même résultat en maintenant la nullité que les premiers juges avaient prononcée.

« *La cour, considérant que de Molon n'a pu valablement faire breveter à son profit le phosphate de chaux qui est un produit naturel que l'on trouve à l'état de nodules fossiles ; — Que de Molon n'a pu davantage faire breveter à son profit, l'application du phosphate de chaux à l'agriculture comme engrais, cette application ayant depuis plus de vingt ans été indiquée par divers ouvrages publiés en France et à l'étranger, notamment en Angleterre, et cette application ayant été, en fait, pratiquée bien antérieurement au. brevet de Molon, ainsi que cela résulte notamment du rapport du Jury Anglais sur l'Exposition de Londres (page 11 de l'édition anglaise et du rapport du jury de l'Exposition universelle de Paris 1855, page 92....);*

Qu'en conséquence, si de Molon a rendu à l'agriculture d'importants services en recherchant et indiquant de nombreux gisements, en France, de phosphate de chaux de qualité supérieure et en facilitant et en vulgarisant l'emploi des phosphates de chaux français soit purs, soit mélangés, de Molon ne peut se prévaloir relativement aux dits phosphates du titre d'inventeur ; — Confirme.

Un pourvoi, contre cet arrêt, a été inutilement tenté devant la cour suprême.

Il ne restait à M. de Molon qu'à s'incliner devant ces décisions de la justice QUI DÉTRUISAIENT EN UN SEUL JOUR TOUTES LES ESPÉRANCES FONDÉES SUR DES TRAVAUX QU'IL AVAIT POURSUIVIS PENDANT TANT D'AN-NÉES AVEC UNE PERSÉVÉRANCE QU'AUCUN OBSTACLE N'AVAIT ARRÊTÉE.

Quoi qu'il en soit, ce qui est certain, c'est que, jusqu'à la publication de ses travaux, jusqu'à la prise de ses brevets, rien de ce qu'il a fait ne s'était produit ni en France, ni ailleurs. La société ne savait rien de ce qu'il lui a appris, ne connaissait pas la richesse qu'il lui a conquise.

Ce qui est certain, c'est que les phosphates minéraux découverts jusqu'à lui en Espagne et en Angleterre avaient une cohésion moléculaire telle que nul ne pouvait songer et que nul n'avait jamais songé à les employer même en poudre, sans les avoir préalablement traités à l'aide de réactifs puissants, l'acide sulfurique par exemple, et avoir ainsi obtenu une dénaturation complète qui, en Angleterre, a pris le nom de biphosphate ou superphosphate.

Si un doute pouvait exister à cet égard, le compte rendu de la séance de l'Académie des sciences du 9 février 1857, le ferait tomber à l'instant.

Voici en effet ce qu'on y lit :

COMPTE-RENDU DE L'ACADÉMIE DES SCIENCES
DU 9 FÉVRIER 1857.

RAPPORT SUR LA COMMUNICATION DE M. MORIDE
Chimiste, essayeur des engrais du commerce, à Nantes

(*M. PAYEN, rapporteur*).

« L'Académie nous a chargés, M. Boussingault et
« moi (1), d'examiner une communication de M. Mo-
« ride contenant des observations et les résultats
« de plusieurs expériences sur les phosphates de
« chaux, employés comme engrais, et particu-
« lièrement sur ceux de ces composés, dits miné-
« raux, dont on vient de découvrir des masses plus
« ou moins considérables, enfouies dans le sol.

« Il y aurait effectivement un immense intérêt
« pour l'agriculture, à obtenir du phosphate de
« chaux assimilable par les plantes au même degré
« que le phosphate des *os broyés, acidifiés, carbo-*
« *nisés incomplétement, ou mélés avec des subs-*

---

(1) Il est utile de remarquer que M. Payen, le rapporteur, était
également secrétaire perpétuel de la Société impériale et centrale d'agriculture de France et que M. Boussingault, auteur
d'un excellent traité d'économie rurale et d'un ouvrage remarquable sur l'agronomie, est aussi un de ses membres les plus
éclairés.

« *tances organiques azotées*, tel qu'il se présente
« au sortir des raffineries de sucre.

« Dans ces conditions, le phosphate de chaux, en
« vertu de son interposition au milieu du tissu orga-
« nique, se présente sous un état de division
« extrême, facilement attaquable par les acides.

« En Angleterre, on augmente encore sa division
« et sa dissolubilité en traitant les os par l'acide
« sulfurique qui forme du sulfate et du biphosphate
« de chaux, qui attaque même le tissu organique,
« en sorte que les fragments osseux deviennent
« mous et friables.

« En présence du carbonate calcaire des terrains
« ou de celui qu'on ajoute aux os désagrégés, l'excès
« d'acide se trouve saturé, la matière organique
« azotée devient spontanément altérable et les pro-
« duits ammoniacaux de sa décomposition concou-
« rent eux-mêmes à la nutrition des plantes.

« Des effets analogues ont lieu lorsqu'on emploie
« les os carbonisés en poudre mêlés avec le sang
« qui a effectué la clarification des sirops; il s'y
« ajoute des réactions également favorables, dépen-
« dantes de la porosité de ce charbon *animal* capable
« de condenser les gaz ambiants et de les céder
« graduellement ensuite aux organes absorbants des
« végétaux.

« *Il n'en saurait être de même des phosphates*

« *minéraux*; doués d'une très-forte cohésion, les
« moyens mécaniques dont on a pu disposer jusqu'à
« ce jour, sont insuffisants pour les mettre dans un
« état de division comparable à celui des os.

« Aussi les importations des phosphates minéraux
« de l'Estramadure, dans la Grande-Bretagne, n'ont-
« ils pas produit chez les agriculteurs les résultats
« favorables qu'on en attendait. L'un de nous,
« M. Dumas, eut, en 1850, l'occasion de constater
« ce fait pendant une mission dont il était chargé
« par le ministre de l'Agriculture et du Commerce,
« relativement aux améliorations agricoles introdui-
« tes en Angleterre, en Ecosse et en Irlande; il ne pa-
« raît pas que, depuis, on soit parvenu à obtenir dans
« la Grande-Bretagne, d'aussi bons effets des phos-
« phates minéraux que des os ou des noirs résidus
« des raffineries.

« De son côté, M. Moride a constaté par des expé-
« riences directes, l'insolubilité des phosphates mi-
« néraux, dans les acides faibles, en l'état où ils sont
« aujourd'hui offerts aux agriculteurs et il a cru de
« son devoir d'avertir ces derniers, et de leur indi-
« quer des moyens de reconnaître les phosphates
« minéraux.

« On rendrait à l'agriculture un service bien plus
« grand encore, si l'on trouvait le moyen de diviser
« économiquement les phosphates minéraux au

« point où ils deviendraient facilement assimilables
« par les plantes.

« M. Moride croit que l'on y parviendrait en dis-
« solvant ces phosphates naturels par des acides mi-
« néraux puissants, afin de les séparer du sable, puis
« en précipitant la solution par des liquides am-
« moniacaux et magnésiens et en y ajoutant enfin
« matières animales ou fermentescibles.

« Ce procédé, probablement efficace, serait trop
« des dispendieux sans doute......

« Quoi qu'il advienne, M. Moride *a fait une chose*
« *utile, en ce moment où l'on fondait peut-être*
« *sur la préparation incomplète des phosphates*
« *minéraux de trop grandes espérances*, en appe-
« lant l'attention des agriculteurs sur des faits qui
« leur étaient peu connus.

« Nous avons, en conséquence, l'honneur de vous
« proposer d'adresser à ce jeune savant, les remer-
« cîments de l'Académie en l'engageant à pour-
« suivre ses utiles recherches. »

Les conclusions de ce rapport sont adoptées.

Ainsi donc, avant les travaux de M. de Molon, les
savants, les publicistes agricoles, les essayeurs d'engrais et les cultivateurs étaient tous d'accord. Le
phosphate de chaux minéral, jusqu'alors connu,
était insoluble dans le sol à l'état de poudre naturelle
et n'était conséquemment, sous cette forme et dans

cette condition, qu'une substance inerte et sans utilité dans l'alimentation végétale.

Telle était la situation lorsque M. de Molon prit
ses brevets.

Eh bien ! en présence de cette situation, qu'a-t-il
fait ?

« Certain désormais, dit-il (1), d'avoir trouvé une
« source inépuisable de phosphate de chaux dans le
« sol de la France, je voulus en faire l'expérience
« pratique par ces applications agricoles.

« Mais ici, se présentait une question d'une haute
« importance.

« Sous quelle forme et dans quelle condition de-
« vais-je offrir ce phosphate à l'agriculture, pour
« qu'il produisît les résultats que j'en espérais ?

« Sans doute, la simple pulvérisation des nodules
« permettrait d'offrir aux agriculteurs le phosphate
« de chaux à des conditions de prix infiniment plus
« avantageuses que par tout autre moyen de traite-
« ment, ce qui serait une considération très-impor-
« tante, mais cette simple pulvérisation mécanique
« suffirait-elle pour les rendre assez solubles pour
« être assimilés par les végétaux ?

« J'avais remarqué que les nodules extraits du

(1) Voir les diverses publications de M. de Molon dans l'*Echo
agricole* et notamment dans le *Moniteur universel*, n° des
21, 22, 27 novembre et 30 décembre 1859.

« sol depuis un certain temps, et restés exposés aux
« influences atmosphériques, se délitaient facilement
« et que la poudre de ces nodules s'échauffait nota-
« blement lorsqu'elle restait quelque temps en-
« tassée ; d'un autre côté, l'analyse chimique m'a-
« vait révélé que ces nodules de phosphate minéral
« contenaient encore des matières organiques et en
« moyenne 5 à 6 0/0 de phosphate de fer.

« Ces remarques entraînèrent ma conviction. Je
« savais en effet que lorsque les roches sont douées
« d'une certaine porosité, l'eau, en raison de sa flui-
« dité, s'infiltre dans leurs fissures et pénètre dans
« la masse ; que si, par un abaissement de la tempé-
« rature, l'eau vient ensuite à se congeler elle écarte
« en se dilatant les molécules minérales et détruit
« leur cohésion.

« Je savais aussi, qu'aux causes mécaniques de la
« destruction des roches, s'ajoutait encore une action
« chimique dépendante des influences météorologi-
« ques, laquelle s'exerce avec une grande énergie
« sur leurs éléments constitutifs.

« C'est ainsi que sous l'action de l'oxygène, de l'hu-
« midité et de l'acide carbonique, certains granites
« se décomposent avec une rapidité étonnante.

« Le feldspath et le mica, par exemple, se trans-
« forment, *en mettant en liberté les sels alcalins
« qu'ils contiennent*, en une substance argileuse

« que les minéralogistes désignent sous le nom de
« Kaolin.

« D'autres granites, au contraire, résistent pour
« ainsi dire éternellement aux mêmes agents de
« destruction.

« Si, au nombre des premiers, nous pouvons citer
« les granites de la Haute-Vienne, du Calvados, du
« Finistère, dans lesquels on peut suivre les modifi-
« cations du feldspath et de l'amphibole jusqu'à une
« profondeur de plus de cent mètres, au sein même
« de ces roches altérées, on en rencontre des masses
« qui ont résisté à l'action décomposante des agents
« du sol et de l'atmosphère en conservant toute leur
« dureté et toute leur fraîcheur.

« Ainsi, dans la presqu'île armoricaine, à côté des
« granites décomposés de la baie de Berteaume
« (Goulet de Brest), se trouve celui de Laber dont
« nous avons un échantillon sous les yeux dans le
« socle de l'obélisque de la place de la Concorde, et
« qui résistera probablement aux agents de la des-
« truction, autant que l'obélisque de la place Saint-
« Jean de Latran à Rome, taillé à Syène sous le règne
« d'un roi de Thèbes, mille trois cents ans avant
« l'ère chrétienne, ou encore que celui de la place
« Saint-Pierre, consacré au Soleil, par un fils de
« Sésostris, il y a plus de trois mille ans.

« Si, dans la constitution moléculaire des roches

« cristallines, il existe des différences telles, que les
« unes se désagrègent facilement par la seule action
« des agents atmosphériques, en mettant en liberté
« les sels alcalins qu'elles contiennent, tandis que
« les autres résistent éternellement, à cette même
« action, en conservant toute leur fraîcheur, il doit
« évidemment en être ainsi pour les roches phos-
« phatées.

« Si donc les savants et les agriculteurs qui s'é-
« taient occupés jusqu'en 1857 du traitement des
« phosphates minéraux, les ont trouvés constam-
« ment insolubles à l'état de poudre naturelle, non-
« seulement en présence des agents du sol et de
« l'atmosphère, mais encore dans les acides faibles,
« c'est qu'ils n'avaient eu jusqu'alors à leur disposi-
« tion que des phosphates dont la cohésion molé-
« culaire s'opposait à leur solubilité.

« Ainsi, seulement, pouvais-je expliquer l'erreur
« des hommes éminents qui, confondant tous les
« phosphates minéraux dans une seule et même
« condition, les avaient tous déclarés inassimilables
« ou insolubles dans le sol à l'état de poudre natu-
« relle.

« Pour moi, les observations que j'avais faites,
« étaient loin de me permettre d'accepter une théorie
« aussi absolue et aussi exclusive. Je croyais, au con-
« traire, que les influences de l'atmosphère et du sol

« qui agissaient sur les granites et les feldspaths pour
« en éliminer la potasse, suffisaient pour dissoudre
« le phosphate de chaux des nodules phosphatés,
« surtout lorsque leur surface de contact aurait été
« multipliée à l'infini, par une pulvérisation méca-
« nique les réduisant à l'état de poudre, pour ainsi
« dire impalpable.

« Je devais, en outre, penser que l'action de l'air,
« se portant sur le phosphate de protoxyde de fer
« qui se trouve dans les nodules, le ferait passer à
« l'état de phosphate de sesquioxyde, substance qui,
« beaucoup plus que le phosphate de protoxyde, est
« attaquable par les divers dissolvants naturels.
« Cette suroxydation du fer des nodules phosphatés,
« ayant pour effet de déterminer un mouvement
« moléculaire dans la masse, aurait pour résultat
« de la rendre plus accessible aux agents extérieurs
« et partant plus assimilable.

« Déterminé par ces observations et par les ré-
« flexions théoriques qu'elles m'avaient suggérées,
« je procédai à de nombreuses applications agricoles
« pour connaître, à côté de celle des savants, l'opi-
« nion des plantes dans une question si importante.
« Les résultats que j'obtins, furent tels que je les
« avais prévus, c'est-à-dire complétement satisfai-
« sants.

« Ainsi donc, contrairement à ce qui avait été

« reconnu et admis pour les phosphates de chaux
« connus jusqu'alors, ceux que je venais de décou-
« vrir étaient parfaitement solubles dans le sol à
« l'état de poudre naturelle. »

Ainsi, encore, par la nature et l'immense quantité
de la matière découverte et utilisée; par la substi-
tution d'un phosphate nouveau, pouvant être employé, à l'état naturel, à une préparation très-coû-
teuse des phosphates anglais et espagnols, pour les
rendre assimilables; par l'économie du temps et
de l'argent consacrés à ce traitement et à cette dénaturation; par les résultats matériels obtenus; par
le développement industriel que ces résultats ont
reçus et recevront désormais au grand avantage de
l'agriculture, M. de Molon a ouvert à ses concitoyens
une nouvelle source de richesse considérable.

D'un autre côté, les savants les plus recommanda-
bles et les plus compétents se sont réunis pour reconnaître l'importance de la découverte de M. de
Molon.

M. Bobierre, professeur de chimie à l'école pré-
paratoire des sciences de Nantes, dit, dans un rapport adressé à l'empereur, qui l'avait désigné à cet
effet :

« Il n'y a aucune comparaison possible entre les
« roches phosphatiques trouvées en Espagne et les
« nodules de phosphates trouvés en France par

« M. de Molon : ceux-ci ont une texture qui se prête
« à la dissolution dans le sol et à l'absorption ulté-
« rieure par l'organisme végétal. »

« C'est à M. de Molon, » écrivait à la même époque
M. Malaguti, doyen de la Faculté des sciences à
l'Académie de Rennes et professeur de chimie agricole générale, « que revient l'honneur non-seule-
« ment d'avoir découvert des quantités incalculables
« de phosphates fossiles, facilement exploitables,
« *mais encore d'avoir eu l'idée de les appliquer*
« *directement, et sans en altérer la nature*, à la
« fertilisation de la terre.

« Les phosphates minéraux étaient entrés dans
« la pratique agricole d'outre-Manche, bien avant
« 1856, mais indirectement, et *à la condition d'être*
« *dénaturés et réduits à l'état de superphos-*
« *phate.* »

M. Pommier, rédacteur en chef de l'*Écho Agricole*, a de même rendu justice à M. de Molon, que
n'avaient découragé ni les critiques violentes (lettres
du 14 mai 1860) qui lui furent adressées à cet égard
par certains journaux d'agriculture, ni l'incrédulité et les méfiances de la plupart des cultivateurs.

M. Élie de Beaumont, inspecteur général des
Mines, adressa (le 13 juillet 1860) à M. le ministre
de l'agriculture et des travaux publics, qui l'avait
consulté, un rapport dans lequel on lit : « Par une

« activité incessante, il (M. de Molon) a réussi à dé-
« terminer des agriculteurs à essayer dans leurs
« champs, l'application du phosphate de chaux. Les
« essais ont réussi partout... Ces résultats ont déter-
« miné le Jury de la dernière Exposition agricole à
« décerner à M. de Molon la grande médaille d'hon-
« neur.

« L'utilité de l'emploi agricole des nodules de
« phosphate de chaux simplement pulvérisés est
« donc, dès à présent, un fait constaté par des expé-
« riences assez étendues pour être regardées comme
« irréfragables par les juges les plus compétents. »

M. Elie de Beaumont écrivait encore «... Pour
« moi, je regarde comme certain que M. de Molon a
« été le premier à livrer aux agriculteurs, le phos-
« phate de chaux naturel, soit en nodules, soit pul-
« vérisé; en 1856, nous ignorions, M. Dufrénoy et
« moi, si cette industrie pouvait se réaliser... Je
« crois que M. de Molon a créé en France, une in-
« dustrie nouvelle qui grandira de plus en plus, et
« qui rendra à l'agriculture de très-importants ser-
« vices. »

Qu'on lise les journaux spéciaux qui s'occupent
des intérêts agricoles et l'on verra que, loin de contester la nouveauté des idées émises par M. de Molon, et de la méthode indiquée par lui, ses adver-
saires lui opposaient qu'elle n'avait pas subi le con-

trôle de la pratique et de l'expérience et poussaient l'hostilité jusqu'à vouloir faire considérer l'emploi du phosphate fossile à l'état de poudre naturelle, comme un leurre tendu à la bonne foi des cultivateurs.

On ne saurait donc, aujourd'hui que l'expérience a prononcé et que le succès a fait justice de ces querelles, ne pas tenir compte à M. de Molon d'une invention à laquelle on ne reprochait naguère que sa nouveauté même, ou, si l'on veut, d'un procédé qui exonère l'agriculture du tribut qu'elle payait aux fabricants de produits chimiques et lui procure une économie considérable.

RAPPORT DE M. POMMIER

Membre de la Société centrale d'Agriculture de France

SUR L'IMPORTANCE DE LA DÉCOUVERTE DES GISEMENTS DE PHOSPHATE DE CHAUX.

(Extrait de l'Écho Agricole du 2 décembre 1861.)

. . . . , ...

Quand on considère que les cendres de blé et de colza contiennent, en moyenne, 45 0/0 de leur poids d'acide phosphorique (1), et que, depuis des siècles, on n'a rendu à la terre, qu'en très-faible proportion, ce que les récoltes enlèvent chaque année; quand on voit l'Angleterre importer, de tous les points du globe, des débris osseux pour les répandre sur son sol, et quand on voit ce pays faire des récoltes qui, en moyenne, dépassent, par hectare, de beaucoup le rendement des nôtres, on demeure convaincu que la découverte de gisements inépuisables de phosphate de chaux fossile est une des plus grandes richesses que possède la France.

(1) L'acide phosphorique est au phosphate de chaux comme 1 : 2,18.

Si, en effet, on calcule cette richesse d'après les données officielles du rapport de M. Élie de Beaumont, en date du 13 juillet 1860, sans même tenir compte des gisements non encore circonscrits, mais déjà indiqués, on est conduit aux résultats suivants :

Un rapport adressé à M. le Ministre de l'agriculture évalue la surface des gisements de phosphate découverts à ce jour à 3000 kilomètres carrés.

L'épaisseur moyenne des couches superposées étant de 20 centimètres leur cube s'élève à 600 millions de mètres; or, le mètre cube pesant 1500 kilogrammes, le poids total de phosphate de chaux contenu dans les gisements aujourd'hui découverts est de 900 milliards de kilogrammes. Si l'on évalue seulement à un centime le prix du kilog., la valeur intrinsèque de cette richesse minérale serait de 9 milliards de francs, mais comme par le fait de son extraction, de sa pulvérisation et de son transport sur les lieux de consommation, le phosphate acquiert une valeur commerciale de plus de 6 centimes le kilogramme, l'exploitation successive de ces gisements jettera, en réalité, sur le marché, dans un temps plus ou moins long, une valeur de plus de 54 milliards de francs. Si on ajoute, à cette somme, le prix des emballages et de la main-d'œuvre et surtout si l'on se rend compte de l'augmentation de produits qui résultera de son emploi en Agriculture, on peut, sans témérité, conclure que l'exploitation des gisements de phosphate de chaux fossile porte en elle-même une source de prospérité qu'on n'ose chiffrer, tant elle apparaît considérable.

Eh bien ! la découverte de cette richesse immense, nous devons le dire, n'est point le résultat de circonstances fortuites, elle est due au génie d'observation, à la persévérance, aux travaux d'un seul homme, M. de Molon, qui a sacrifié les plus belles années de sa vie et des sommes considérables, non-seulement à la découverte des gisements de phosphate de chaux, mais encore à la vulgarisation en agriculture de ce puissant élément de fécondité, tant par ses expériences personnelles que par celles qu'il a provoquées sur tous les points et qui toutes ont donné les résultats les plus complétement satisfaisants.

M. de Molon n'a point envisagé son œuvre au point de vue mercantile, il s'est considéré comme chargé d'une grande mission qui devait faire entrer notre agriculture dans une phase nouvelle.

Le commerce des engrais et l'industrie agricole profitent aujourd'hui de ses découvertes et de ses sacrifices. Il ne reste à M. de Molon que l'honneur d'avoir rendu à la France un des plus grands services qu'il soit donné à un homme de pouvoir rendre à son pays.

Le Gouvernement doit considérer comme un acte de justice de ne pas abandonner M. de Molon, de l'indemniser et de le récompenser des travaux dont les résultats ruineux pour lui sont, pour la France, une source immense et inépuisable de richesse et de prospérité.

Signé : A. POMMIER,
Membre de la Société centrale d'agriculture de France.

Paris, 20 juillet 1861.

A SA MAJESTÉ L'EMPEREUR NAPOLÉON

Sire,

Dans sa sollicitude pour tout ce qui peut contribuer à féconder les germes de prospérité que possède la France, Votre Majesté a soutenu par un bienveillant et généreux concours l'infatigable et zélé explorateur des gisements de phosphate de chaux fossile.

Grâce à Votre Majesté, M. de Molon a pu continuer ses travaux au milieu de difficultés inouïes et vaincre les préjugés et la routine en démontrant aux cultivateurs par de nombreux résultats agronomiques, obtenus dans 34 départements, que le phosphate de chaux naturel était le principal élément réparateur des forces productrices que la terre a perdues et qu'elle tend chaque jour à perdre.

Cette solution aussi satisfaisante qu'inattendue d'un problème posé par Vauban, il y a plus de cent cinquante ans, aura encore pour effet d'offrir au Commerce maritime, un nouvel élément d'exportation, ainsi que le font espérer les résultats obtenus de l'application du phosphate à la production de la canne à sucre dans les colonies.

Les efforts incessants de M. de Molon ne se sont pas arrêtés à ces résultats, il a compris que l'emploi du phosphate fossile offrirait à l'agriculture des avantages d'autant plus grands que le prix en serait plus réduit, et il a atteint ce but en faisant descendre le prix de revient du kilogramme qui était d'abord de 0 fr. 09 centimes rendu à Paris, à 0 fr., 0,035.

Mais, Sire, ces résultats si féconds par les nouveaux horizons qu'ils ouvrent à l'agriculture et au commerce n'ont été obtenus qu'au prix de sacrifices considérables et d'un dévoûment aussi profond que désintéressé à la cause de l'agriculture.

Nous savons, en effet, Sire, que M. de Molon est sur le point de succomber sous le poids des charges qu'il a dû assumer pour soutenir son œuvre.

En présence d'un malheur aussi grand qu'immérité qui frapperait l'homme honorable auquel le pays doit l'un des progrès les plus importants de notre époque, nous avons cru, Sire, devoir prendre la liberté d'appeler de nouveau la bienveillante sollicitude de l'Empereur sur les travaux et la personne de M. de Molon.

Sans doute, le jury de la dernière exposition en

lui accordant la grande médaille d'honneur et en émettant à l'unanimité, le vœu qu'une récompense nationale lui fût accordée, a reconnu le service éminent que M. de Molon a rendu.

Mais si l'homme de cœur a été heureux de ces témoignages de haute estime, l'industriel, abattu par les luttes et des exigences au-dessus de ses ressources, n'a pas encore trouvé l'aide qui peut empêcher sa ruine en même temps que celle de son entreprise.

Sire, un prêt de deux millions a été demandé à l'État par M. de Molon ; nous avons la confiance que le gouvernement de Votre Majesté consentira à le lui accorder et saisira cette circonstance pour faire développer sous son contrôle, avec le concours des hommes les plus spéciaux dans la science et l'agriculture, une industrie éminemment utile au pays et qui restera toujours un modèle d'honnêteté au milieu du commerce frauduleux qui a si généralement envahi l'industrie des engrais.

Mais, Sire, l'accomplissement des formalités que prescrivent les actes administratifs exigeant un temps que la situation de l'exploitation de M. de Molon ne permet plus, nous supplions l'Empereur de vouloir bien conjurer le malheur dont il est menacé en prescrivant qu'un secours provisoire lui soit immédiatement accordé jusqu'à l'époque où le prêt de l'État lui permettra d'accomplir ses obligations envers la liste civile et de consacrer ainsi par un acte de haute et bienveillante sollicitude pour les intérêts agricoles, la grande œuvre à laquelle M. de Molon a consacré sa vie et sa fortune.

Nous avons l'honneur d'être, Sire, avec un profond respect, de Votre Majesté, les très-humbles, très-obéissants serviteurs et très-fidèles sujets.

Signé : POMMIER,
Membre de la Société Impériale
et Centrale d'agriculture
de France.

Signé : Michel CHEVALIER,
Sénateur, membre de l'Institut.

Signé : L. Élie de BEAUMONT
Sénateur, membre de l'Institut et de
la Société d'agriculture.

Signé : E. DUMAS,
Sénateur,
membre de l'Institut
et président de la Société
d'encouragement
pour l'industrie nationale.

Signé : L. de RAYNAL,
Avocat général à la Cour
de cassation.

Signé : DARBLAY, jeune,
Député de Seine-et-Oise.

RAPPORT

DE **M. DUMAS**, AU NOM DE LA COMMISSION

PHOSPHATES NATURELS

Les phosphates de chaux fossiles ont été signalés comme devant jouer un rôle décisif dans le travail de la fertilisation du sol : « Le guano, disait-on dans « le cours de l'enquête, n'est qu'une ressource tem- « poraire, limitée. La découverte des phosphates « fossiles est donc une découverte providentielle. » Pour justifier ces appréciations, il suffit de rappeler que le sol cultivé en France a besoin, chaque année, d'une restitution de phosphate de chaux, qui atteint près de deux millions de tonnes, abstraction faite des contrées qui en sont naturellement pourvues. Il ne paraîtra pas surprenant, d'après cela, que les ter- rains des Ardennes, de la Meuse, etc., propres à l'ex-

traction des nodules de phosphate de chaux, offrent
à l'activité nationale une mine dont les ressources
s'élèvent à des sommes d'une grande importance,
dans lesquelles le droit d'exploitation, perçu par le
propriétaire du sol, comptera pour plusieurs centaines de millions.

.   .   .   .

. . . Ce qui importe, c'est que de telles richesses
soient bien administrées, et que leur exploitation,
dirigée avec prudence et loyauté, accoutume l'agriculture à s'en servir avec confiance.

ENQUÊTE OFFICIELLE
SUR LES ENGRAIS INDUSTRIELS

Séance du Samedi 26 Novembre 1864.

Présidence de M. DUMAS,

Sénateur, membre de l'Institut.

AUDITION DE M. DE MOLON

. . . .

. . . .

M. LE PRÉSIDENT. Vous nous avez très-bien expliqué combien était étendue la fraude, combien elle était variée, combien elle était dangereuse; ce point ne laisse plus de doute, ici, dans l'esprit de personne. Maintenant il faudrait trouver le remède. Vous nous avez assez prouvé que vous connaissez bien ces matières, pour nous donner le droit de vous demander le résultat de vos réflexions sur les moyens de prévenir ou de réprimer la fraude.

M. DE MOLON. J'ai souvent entendu dire que la répression de la fraude, en matière d'engrais, était chose impossible sans porter atteinte à la liberté commerciale. J'avoue que je n'ai jamais pu comprendre comment on porterait plus atteinte à la liberté du commerce en empêchant de vendre de la tourbe pour du noir animal, de la sciure de bois, des cendres de tourbe, ou des argiles jaunes pour du guano, qu'en empêchant de vendre du cuivre pour de l'or, du nickel pour de l'argent.

Comment! la loi punirait celui qui vendrait un couvert argenté, par exemple, pour de l'argent pur, et elle n'atteindrait pas celui qui vendrait de la tourbe animalisée pour du noir animal, et qui pourrait voler ainsi une somme décuple, centuple même! Non! cela n'est pas possible.

La fraude n'est pas plus le commerce que la licence n'est la liberté, et la répression de l'une est une protection efficace pour l'autre : le vol organisé sous le manteau commercial ne peut plus continuer à porter la ruine dans nos campagnes. Un gouvernement fort, soucieux des intérêts de l'agriculture, ne peut pas le permettre.

Les moyens de prévention ne me semblent pas, d'ailleurs, aussi difficiles à établir qu'on a pu le penser, tout en laissant au commerce la liberté la plus grande dans la production et la vente des engrais.

Se mouvoir dans le cercle de la vérité, vendre les choses sous leurs véritables noms, pour ce qu'elles sont, avec le poids qu'elles ont, voilà tout ce que demande l'agriculture au commerce.

Que les fraudeurs d'aujourd'hui continuent demain à vendre de la tourbe, du coke de Boghead, de la sciure de bois, des cendres de tourbes, des schistes pulvérisés, tout ce qu'ils voudront enfin, ce sera bien à la condition, toutefois, qu'ils vendront chaque chose sous sa véritable dénomination, et que s'ils en réunissent plusieurs pour composer un tout, auquel ils donneront un nom spécial, ils feront exactement connaître que ce tout se compose de telle et telle substance, dans telle et telle proportion.

Dans un rapport adressé en 1850 à M. Dumas, alors ministre de l'agriculture et du commerce, M. Bobierre, vérificateur des engrais à Nantes, disait :

« La difficulté ne consiste pas positivement à trou-
« ver des moyens de répression, mais bien à les ren-
« dre compatibles avec une sage liberté de commerce.

« N'y aurait-il pas, par exemple, une entrave ap-
« portée à la liberté dans l'obligation de faire décla-
« rer par un marchand *la composition industrielle*
« *de son engrais ?* Je n'hésite pas à répondre affir-
« mativement.

« Qu'on exige d'un commerçant qu'il indique la
« composition chimique d'un engrais mis en vente,
« rien de mieux. Il y a mille formules industrielles

« différentes pour arriver à une seule composition,
« et en rendant celle-ci publique, l'administration
« ne trahit nullement pour cela le secret de l'inven-
« teur. Il n'en serait pas de même si l'on exigeait la
« composition industrielle. A l'administration le
« contrôle du résultat ; à l'industriel, le secret du
« métier : c'est justice. »

Je ne saurais partager cette opinion, nous avons
vu où nous a conduit ce système et combien de centaines de millions il a permis d'extorquer aux cultivateurs.

Où est, d'ailleurs, le secret du métier qui ne puisse
être demain le secret de tout le monde ? Les manipulateurs d'engrais emploient-ils des matières in-
connues, ou qui ne soient pas dans le domaine public ? Non !

Dénaturent-ils, transforment-ils les matières connues, de manière à former de nouvelles combinaisons qui puissent satisfaire plus utilement aux besoins de la culture ? Non encore ! Mais, si cela arrivait, ne peuvent-ils pas, n'ont-ils pas le droit de se
faire privilégier pour un produit nouveau ou pour
une application nouvelle ? Où serait donc l'inconvé-
nient, même dans ce cas, d'en faire connaître la
composition industrielle ? Le public ne connaît-il pas,
quand il le veut, les procédés de tous les inventeurs,
sans que pour cela il puisse s'en servir ?

Non ! il n'existe aucune raison pour ne pas faire connaître la composition d'un engrais, si ce n'est celle de pouvoir tromper l'acheteur, en laissant ou faisant croire que ce qui n'y est pas s'y trouve ou que ce qui y est indiqué n'y est pas.

Et, d'ailleurs, qu'est-il besoin, après tout, de la déclaration de marchands dont la majeure partie ne connaît même souvent pas les matières qu'elle emploie.

Si, parmi les hommes qui s'occupent du commerce et de la manutention des engrais, il en est d'instruits, d'honorables, de capables, il faut dire les choses comme elles sont, il en est mille autres qui savent à peine signer leurs factures.

Ces déclarations ne seraient donc que de simples indications qui devraient toujours être rigoureusement vérifiées : la science est assez avancée pour cela, et nous avons des hommes capables d'en faire l'application.

Qu'on laisse donc une liberté complète au commerce des engrais, aux seules conditions suivantes :

1° Ne vendre chaque engrais ou chaque matière servant à le produire que sous sa dénomination réelle ;

2° Indiquer pour chaque engrais mis en vente :

1° Son analyse quantitative immédiate ou sa composition industrielle ;

2° Son analyse élémentaire.

3° Assimiler les engrais mis en vente aux engrais vendus.

4° Enfin ne permettre de vendre les engrais qu'au poids, avec l'indication exacte de la quantité de la substance sèche et de la quantité maximum d'eau qu'il pourra contenir.

Quant aux pénalités, en cas d'infraction, il me semble qu'il suffirait d'appliquer à l'espèce la législation existante.

Si, malgré ce que j'espère, l'application des moyens de précaution que je propose était regardée comme trop compliquée, ou d'une exécution trop difficile, la législation actuelle devrait au moins être modifiée de telle sorte qu'elle pourrait atteindre tous les cas de fraude ou tromperie dans le commerce des engrais.

M. LE PRÉSIDENT. M. de Molon propose, comme remède, contre la fraude en matière d'engrais, d'imposer aux marchands de ces matières l'obligation qu'on voulait imposer à un inventeur, qui avait produit un vin artificiel, en faisant fermenter du sucre et des matières colorantes. Cet inventeur demandait l'autorisation de vendre son vin à Paris ; on lui dit : « Oui, mais à la condition que vous mettiez « sur votre boutique une enseigne qui indiquera « quelle est la nature de votre vin. » L'invention en est restée là.

M. DE MOLON. C'est positivement ce que je demande : si un marchand mettait sur son enseigne qu'il vend du noir animal sans noir animal, assurément il n'en vendrait pas.

L'obligation, faite aux marchands, d'inscrire sur leurs enseignes, factures et emballages, l'analyse immédiate *quantitative,* suivie de l'analyse *élémentaire,* serait, j'en ai l'intime conviction, une mesure préventive suffisante pour détruire jusque dans sa racine la fraude dans les engrais, pourvu toutefois que cette mesure fût rigoureusement appliquée, et ce serait chose facile, très-facile.

Quant aux analyses des substances mises en vente sous telle ou telle dénomination, je ne prétends pas que ces analyses pourraient être faites convenablement par tous les pharmaciens ; mais on pourrait établir à Paris un laboratoire à la tête duquel serait un chimiste capable, et, de ce laboratoire, seraient répandus par toute la France, les meilleurs moyens de faire toutes les analyses nécessaires.

M. ELIE DE BEAUMONT. Il faudrait à la tête de ce laboratoire un homme comme M. Dumas, et, une fois que la méthode serait créée, tous les chimistes de France pourraient la suivre.

M. DE MAUNY DE MORNAY. Il serait alors indispensable que des échantillons fussent prélevés sur chaque espèce d'engrais, avant la mise en vente de la marchandise.

M. Bayle-Mouillard. Il suffirait de faire la vérification au moment de la mise en vente, ou bien au
moment où le chemin de fer déposerait la marchandise au lieu de destination.

M. de Mauny de Mornay. Comment ferait-on dans
l'Ouest, où il y a tant de petits dépôts d'engrais ?

M. Bayle-Mouillard. J'indique le moment de la
mise en vente, parce que, à ce moment, le commissaire de police a le droit de se présenter dans les
magasins du marchand.

M. de Raynal. La justice n'exigerait pas tant que
cela. Quand un acheteur, connu pour être honnête,
viendrait dire : « J'ai voulu acheter tel engrais, et
« voici ce qu'on m'a livré, c'est-à-dire ce que l'ana-
« lyse a démontré n'être pas conforme à ce qu'on
« m'avait annoncé, » le commissaire de police se
transporterait dans les magasins du marchand et
verrait s'il n'y a pas, dans ces magasins, de matières
inertes qu'on aurait pu ajouter à l'engrais.

M. de Mauny de Mornay. Beaucoup de personnes
ne s'aperçoivent de la mauvaise qualité des engrais
qu'elles ont employés que quand elles ont des récoltes moindres. Il y aurait bien quelques propriétaires méfiants qui feraient immédiatement constater la valeur des engrais qu'ils auraient achetés et
qui poursuivraient le marchand en cas de fraude,
mais ce seraient des cas exceptionnels ; dans les cas

ordinaires, si on n'avait pas de soupçon, on ne ferait pas analyser son engrais.

M. DE RAYNAL. Notre paysan du centre de la France, M. Valette le sait fort bien, est très-défiant; s'il y a des moyens de vérifier, soit au chef-lieu du département, soit au chef-lieu d'arrondissement, quand on lui proposera des engrais qu'on lui dira être superbes, il ne manquera pas de les faire vérifier.

M. VALETTE. Oh! bien certainement.

M. DE RAYNAL. Il n'y aura pas de poursuites; mais peut-être non plus pas de vente.

M. DE MOLON. L'observation de M. le directeur de l'agriculture est parfaitement juste; dans les pays de métayage, où les propriétaires paient généralement la moitié des engrais commerciaux, ils en surveillent l'acquisition, souvent même ce sont eux qui les achètent, et, avant de fixer leur choix, ils consultent les hommes spéciaux, font faire des analyses et évitent ainsi d'être trompés.

Mais dans les départements de l'Ouest, où se fait la plus grande consommation des engrais pulvérulents, les métayers ne sont que la très-petite exception, et les fermiers sont abandonnés à eux-mêmes. Aussi n'y en a-t-il pas un sur mille à qui vient la pensée de faire vérifier les engrais qu'il achète.

Je pourrais signaler des localités sans nombre où

la fraude se pratique, depuis vingt-cinq ans, de la manière la plus scandaleuse, et où il n'a jamais été exercé un seul contrôle, demandé une seule vérification.

Le maire d'une petite ville où il se vend annuellement pour 1,500,000 à 1,800,000 fr. d'engrais pulvérulents et où il en est le principal marchand, me disait, il y a huit ou dix ans : « Autrefois, je vendais « du noir animal pur; mais, un jour, je fus à Nantes, « où je vis mélanger 4 hectolitres de tourbes avec « 1 hectolitre de noir, et l'on me dit que cela faisait « un très-bon engrais; je voulus essayer et je com- « mençai par ne mettre que moitié tourbe dans mon « noir, personne ne s'en plaignit dans ma clientèle. « L'année suivante j'en mis 2 hectolitres et ne re- « çus encore aucun reproche; depuis cette époque, « je mélange 3 hectolitres de tourbe avec 1 hec- « tolitre de noir, et personne ne s'en est jamais « plaint.

« Vous comprenez, ajouta-t-il, que je serais « bien *dupe* de ne pas continuer puisque tous mes « confrères le font et que les cultivateurs sont tou- « jours aussi contents. »

Je compris que là, comme partout, ce n'étaient pas les marchands qui étaient *dupes,* mais les cultivateurs qui étaient *dupés.*

Je pourrais citer cent autres exemples qui ne diffèrent de celui-ci que par les moyens mis en usage pour atteindre le même but.

Ces aveux sont pénibles à faire dans une enquête qui est probablement destinée à la publicité, mais les vérités les plus dures sont souvent les plus utiles, et j'ai cru servir les intérêts de l'agriculture, en révélant une partie des secrets d'une condition commerciale, qui ne se serait pas si longtemps prolongée si les cultivateurs avaient été mieux éclairés.

En attendant qu'ils le deviennent, la nécessité de mesures *préventives* est impérieuse dans l'opinion de tous les hommes qui ont vu de près le mal causé par la fraude dans les engrais, si l'on veut enfin soustraire de malheureux paysans aux séductions des fraudeurs, aux combinaisons complexes et perfides de leur art et à la ruine qui en résulte trop souvent pour eux.

Tandis que nos cultivateurs sacrifient le plus net de leur avoir en achats d'engrais frelatés dans l'espoir d'augmenter leurs récoltes et d'étendre l'échelle de leurs cultures, les fraudeurs obtiennent un résultat constant, celui de faire de grosses fortunes au détriment de ceux qu'ils ruinent.

Depuis plus de trente ans l'agriculture est rongée par ce chancre insatiable; il y a plus de vingt ans que je le signale et que j'appelle de tous mes vœux, des mesures propres à le prévenir ou à l'arrêter;

mais jusqu'ici la voix des agriculteurs s'est perdue dans nos champs appauvris. Grâce enfin à M. le ministre de l'agriculture, la lumière s'est faite sur cette grave question et les cultivateurs mettent leur espoir en vous, messieurs, pour faire cesser un mal dont les traces se feront encore longtemps sentir.

M. Valette. La fraude est très-répandue dans la Loire-Inférieure où il y a des tourbes en quantité et aussi beaucoup d'individus qui veulent bien se laisser tromper.

M. de Molon. Dans le centre de la France, la fraude se fait sur une échelle à peu près aussi grande.

A Rennes, au mois d'octobre dernier, j'ai eu le malheur de parler, dans un comice agricole, contre les falsificateurs d'engrais, et cela a soulevé une tempête. Le lendemain il y avait des protestations de tous les côtés. Dans un journal de la localité, on lisait, entre autres choses, une lettre à peu près ainsi conçue : « On a avancé, hier, tels et tels faits « contre les marchands d'engrais. Je vais rétablir la « vérité, et cette vérité est que, depuis vingt-cinq « ans que je m'occupe de noir animalisé, d'une ma- « nière très-active, je n'ai employé qu'un seul pro- « cédé, consistant à mélanger 1 hectolitre de noir « animal à 2 hectolitres de tourbe; ce qui donne

« un engrais bien meilleur que le noir animal pur. »

Voilà ce qui est imprimé et signé !

Dans une autre lettre insérée dans le même journal, on lisait encore : « On accuse les marchands « de noir de Rennes d'être des voleurs ; mais ils « prêtent 1 million à l'agriculture ! Ils ont toujours « 1 million entre les mains des agriculteurs. »

Telles sont les déclarations qui se trouvent dans un journal publié le mois dernier ; je mettrai ce journal sous les yeux de la commission si elle le désire.

M. LE PRÉSIDENT. Certainement, c'est un aveu.

M. DE MOLON. Voici ce journal, c'est celui d'Ille-et-Vilaine.

« Rennes, le 18 octobre 1864.

« Messieurs les cultivateurs du département « d'Ille-et-Vilaine,

« Je viens répondre à M. de Molon qui a dit publi-« quement au comice agricole de Pacé que tous les « marchands d'engrais qui vendaient des matières « tourbeuses étaient des fraudeurs, et que leurs en-« grais étaient fraudés et frauduleux.

« Tous les marchands de noir-engrais ou noir ani-« malisé, sans en excepter un seul dans tout le dé-« partement, vendent des engrais fabriqués avec de

«l a tourbe; nous sommes donc tous des fraudeurs,
« et nos engrais sont frauduleux, d'après les dires
« de M. de Molon.

« M. de Molon a eu bien soin de faire ressortir
« les poursuites qui ont été dirigées contre les mar-
« chands, pendant sept années, dans le département
« d'Ille-et-Vilaine. Il est vrai que les marchands
« d'engrais ont été inquiétés pendant longtemps,
« mais ce n'est pas une raison pour qu'on vienne
« attaquer publiquement notre industrie. *Au sur-*
« *plus, dans tous les corps industriels et autres*
« *ne se trouve-t-il pas malheureusement quel-*
« *ques exceptions à signaler et à déplorer?*

« Je vais maintenant vous faire connaître com-
« ment les noirs animalisés tels qu'on les livre depuis
« vingt-cinq à trente ans, ont été fabriqués générale-
« ment par les marchands d'engrais du département
« d'Ille-et-Vilaine : Nous faisons venir de la tourbe
« du département de la Loire-Inférieure, nous la sa-
« turons de matières fécales, de détritus d'animaux,
« en un mot de toutes les déjections animales, ma-
« tières très-fertilisantes, qu'on jetait autrefois dans
« les fossés, dans les ruisseaux, dans les rivières, et
« même qu'on laissait sur la voie publique; aujour-
« d'hui, au moyen de cette matière très-spongieuse (1),

(1) Elle serait spongieuse, en effet, si on l'employait à l'état
sec, mais dans l'état où les marchands d'engrais l'utilisent, la

« toutes nos matières fertilisantes sont livrées à l'agri-
« culture et ont fait doubler, pour ne pas dire tripler,
« les produits agricoles dans les départements de la
« Bretagne (1).

« Depuis vingt-cinq ans, je m'occupe très-active-
« ment de la fabrication et de la vente des noirs ani-
« malisés ; j'ai fait et fait faire sur plus de 500 fermes,
« des essais comparatifs d'engrais, composés comme
« suite : 4 hectolitres de tourbe saturée de matières
« fécales et de détritus d'animaux, avec 2 hectolitres
« de noir de raffinerie. Cet engrais, essayé avec une
« quantité égale de noir pur, produit partout des
« effets surprenants ; c'est-à-dire que, moitié moins
« cher que le noir pur, il a rivalisé en tout et par-
« tout avec lui.

« Ce n'est pas moi seul qui ai travaillé de la sorte,
« mais tous les fabricants de noir animalisé de
« Rennes. Ces engrais nous reviennent de 5 à 6 fr.
« l'hectolitre ; nous les livrons au commerce et à
« l'agriculture à 6 et 7 fr. (2) ; nous faisons crédit à
« tout le monde pendant un an et quelquefois deux

tourbe ne contient jamais moins de 60 pour 0/0 d'eau ; sa puissance absorbante est donc épuisée.

(1) Il n'y a peut-être pas une ville en France où les matières
fécales soient moins utilisées qu'à Rennes. L'administration de
la guerre est obligée de payer 1500 fr. annuellement, pour faire
enlever ces matières des casernes de l'artillerie.

(2) Ce n'est pas 6 et 7 francs que les agriculteurs paient cet
engrais, mais de 10 à 13 fr. suivant les localités.

« ans. Nous livrons nos engrais, avec *la plus grande*
« *confiance,* à tous les cultivateurs qui viennent
« nous en demander, *même sans les connaître.* En
« un mot, les marchands d'engrais du département
« d'Ille-et-Vilaine font, au moins, pour UN MILLION
« *de francs de crédit, qui restent continuelle-*
« *ment entre les mains des cultivateurs, vu*
« *qu'ils ne paient qu'un an après, quand ils*
« *viennent en prendre d'autres.*

« Cependant nous sommes traités comme des
« hommes nuisibles aux intérêts de l'agriculture.

« Signé : MÉNARD,
« Vice-Président du Comice agricole de Pacé. »

Ainsi, vous le voyez, messieurs, la sophistication
est aujourd'hui tellement invétérée dans les habitudes de certains marchands d'engrais, qu'ils ont
fini par se persuader que cette pratique était non-
seulement licite, mais honnête, et servait utilement
les intérêts de l'agriculture.

La lettre qui précède me conduit à appeler votre
attention sur un sujet que, sans elle, j'aurais probablement oublié ; je veux parler des relations de
crédit qui existent entre les agriculteurs et les marchands d'engrais.

Ces relations constituent un véritable vasselage,
qui lie, par de lourdes entraves, les cultivateurs

aux industriels qui leur vendent des engrais.

Soit qu'ils ne puissent réellement pas payer, soit que, par une manœuvre habile des marchands, les cultivateurs achètent à crédit l'engrais qui leur est nécessaire, il est certain que, par le fait même de ce crédit, ils se mettent à la merci de ces impitoyables créanciers.

Jusqu'à l'époque suivante des semailles, non-seulement on ne lui demandera pas d'argent, mais, ce moment venu, on lui donnera, de nouveau, des engrais à crédit. Bien plus, si c'est un cultivateur notoirement solvable, et qu'on ne le trouve pas suffisamment engagé par ces crédits, on fera en sorte de lui prêter de l'argent.

C'est ainsi que des marchands d'engrais, parvenus à réaliser des fortunes considérables, s'assurent une clientèle dépendante et solvable, à laquelle ils font ensuite accepter, sans marchander, les produits les plus effrontément sophistiqués.

Le commerce des engrais est, dans beaucoup de contrées, le point capital par où l'industrie se met en rapport avec l'agriculture; si l'on réfléchit que ces rapports se calculent par de nombreux millions, on entrevoit toute l'importance qu'il y aurait à détruire, ou seulement à atténuer, le servage auquel l'agriculteur, qui a besoin d'engrais industriels, est dans la nécessité de se soumettre.

Il est à remarquer que les victimes de cette sorte
d'usure sont surtout les cultivateurs qui défrichent
et mettent en culture les terres incultes. Je dis
usure, et c'est le mot exact; s'il était une expression
plus vive, je l'emploierais, car cette usure se cache
sous les apparences d'un service rendu à l'agriculture.

Je ne sais, messieurs, s'il entre dans votre programme d'examiner cette question et d'étudier les
moyens de remédier au mal que je viens de vous signaler très-sommairement, mais dont la nature et
les résultats ne sauraient vous échapper.

J'ignore comment il serait possible d'arriver à
une solution aussi urgente que bienfaisante, mais il
serait digne des esprits les plus distingués de chercher un moyen de soustraire l'agriculture à ce crédit
menteur et détestable.

. . . .

M. LE PRÉSIDENT. Nous vous remercions, monsieur, de vos excellents renseignements.

MINISTÈRE DE L'AGRICULTURE, DU COMMERCE
ET DES TRAVAUX PUBLICS.

DIRECTION DE L'AGRICULTURE

Bureau des encouragements à l'Agriculture et des Secours.

REGRETS DE NE POUVOIR LUI CONTINUER SA MISSION EN 1866

Paris, le 13 mars 1866.

Monsieur, j'ai reçu le rapport que vous m'avez adressé, pour compléter votre précédent travail.

Les résultats constatés, par vous-même, pendant votre mission de 1865, ne m'ont pas paru de nature à motiver, pour cette année, une nouvelle allocation, que les ressources, d'ailleurs très-restreintes du budget de l'Agriculture, ne m'avaient permis de vous accorder que très-difficilement. Je vous en exprime tous mes regrets.

Quant à la proposition que vous me faites de réunir, à l'Exposition universelle de 1867, une collection complète des matières minérales aujourd'hui découvertes en France, utilisées ou susceptibles de l'être par l'Agriculture, mon ministère ne pourrait prendre à sa charge une exposition de cette nature.

Vous pouvez vous adresser à la Commission Impériale de l'Exposition, qui examinera si elle peut acquitter la dépense qu'entraînerait la présentation de cette collection.

Recevez, Monsieur, l'assurance, etc., etc.

Le Ministre de l'Agriculture, du Commerce
et des Travaux publics,

Signé : Armand BÉHIC.

LETTRE DE M. SYLVESTRE WALSH, A M. DE MOLON, A PARIS

Paris, le 21 octobre 1867.

Monsieur,

Je prends la liberté de m'adresser à vous, QUE NOUS CONSIDÉRONS COMME LE PÈRE DES PHOSPHATES DE CHAUX, pour vous prier de nous prêter votre influence près la commission impériale, pour faire réparer l'omission regrettable qui a été faite à l'égard de l'exposition si importante de la maison Ed. Hackard et Cie d'Ipswich.

Ne connaissant personne dans la commission impériale, je m'adresse donc tout naturellement à vous, monsieur, qui, par la position exceptionnelle que vous occupez dans la question des phosphates, êtes plus que tout autre à même de juger et de faire valoir les droits de notre maison qui est sans contredit la première de l'univers, dans cette spécialité, pour qu'il ne soit pas commis à notre égard un oubli d'autant plus regrettable qu'il aurait un plus grand retentissement parmi nos agriculteurs de la Grande-Bretagne, qui considèrent depuis de longues années notre industrie comme celle qui leur est la plus utile et la plus profitable; oubli qui par contre-coup préjudicierait gravement à nos intérêts.

Pendant longtemps on ignora en Angleterre la découverte qui avait été faite en France des vastes gisements de phosphates fossiles qui constituent à notre point de vue une source immense de richesse et de fertilité dont la nation vous est redevable. Vous n'ignorez pas, monsieur, que pour l'agriculteur anglais qui dit phosphate dit pain et viande. Notre maison, ayant appris votre belle découverte et ne sachant pas où vous écrire, s'adressa à S. E. M. Rouher, pour lui demander de vouloir bien nous faire connaître s'il ne nous serait pas permis d'exploiter en France cette matière première. Il nous fut répondu que ces gisements se trouvaient entre les mains des particuliers, ce qui nous a empêché de nous en occuper comme nous faisons actuellement des gisements de Cambridge, Suffolk, Bedfordshire, etc. (en Angleterre), des îles de Navassa et de Sombrero dans les Antilles, de Baieres (en Espagne) et de Nassau (en Allemagne), d'où nous extrayons pour l'agriculture anglaise environ 80,000,000 de kilog. par an, comme vous verrez dans la notice ci-incluse qui fera connaître l'importance de notre maison.

Si, en Angleterre, nous avons applaudi de grand cœur au premier grand prix que vous avez mérité à l'exposition universelle, d'autre part, nous croyons que nous, qui avons fait des phosphates une application pratique d'une manière si utile à notre agriculture, avons en justice le droit d'être surpris qu'une industrie aussi considérable que la nôtre ait été laissée en oubli.

Persuadé, monsieur, que vous partagerez nos convictions, vous acquerrez un titre de plus à notre reconnaissance en nous faisant rendre la justice qui nous est due.

J'ai l'honneur, etc.,

Signé : Sylvestre Walsh.

EXPOSITION UNIVERSELLE DE 1867

SCIENCE APPLIQUÉE

CORPS IMPÉRIAL DES MINES

L'exposition du corps des Mines comprend des cartes géologiques superficielles et souterraines, des études de bassins et des collections.

Les collections proviennent des arrondissements minéralogiques de Lille, Strasbourg, Troyes, Chaumont, Châlon-sur-Saône, Clermont (Puy-de-Dôme), Alais, Rodez, Chambéry, Toulouse, Bordeaux, Limoges, Nantes et Rouen.

En les étudiant en détail, on pourrait se faire une idée de la richesse minéralogique de la France et apprécier ce qui reste à faire pour exploiter tous les gîtes signalés.

Le département de l'Hérault, pour ne citer qu'un exemple, contient six concessions de mines de cuivre, toutes abandonnées, après avoir été l'objet de travaux de reconnaissance. On y retrouve encore

7

de nombreux indices d'importantes exploitations métalliques, remontant à une époque reculée. Voilà donc bien des richesses souterraines qui attendent des capitaux pour être mises en circulation.

Des collections, la plus importante pour l'agriculture c'est celle qui a été réunie par M. de Molon. Elle comprend les gisements de nodules de phosphate de chaux reconnus par lui dans 39 départements. Une carte dressée par ses soins complète cette exposition, en indiquant les divers points où l'existence des nodules a été constatée et où ils sont en exploitation.

L'histoire de l'introduction des nodules de phosphate de chaux dans l'agriculture est d'un grand intérêt sous plus d'un rapport. Il s'agit d'un engrais industriel, inconnu en France il y a dix ans, et recherché aujourd'hui comme l'élément réparateur le plus puissant.

L'emploi des engrais industriels a été le résultat des recherches récentes sur la composition chimique des végétaux et du sol arable.

Ces recherches ont mis en lumière plusieurs vérités fondamentales pratiques :

1° Les plantes puisent, dans le sol, plusieurs éléments minéraux ;

2° Ces éléments abondent dans un sol fertile ;

3° Un sol frappé de stérilité en est dépourvu ;

4° Il suffit de les répandre et de les mêler à une terre stérile pour la rendre féconde.

Ainsi s'est fondée ce qu'en science agricole, on appelle la théorie de la restitution.

Une partie des principes constitutifs des plantes se renouvelle dans le sol, parce que la nature ne cesse d'y introduire ces principes ; de façon que, en ce qui concerne ces principes, la végétation n'est jamais fatiguée ; elle est toujours alimentée.

Quant aux phosphates, rien ne les restitue naturellement, une fois que la culture les a épuisés.

Or, les phosphates constituent l'un des éléments les plus essentiels de l'économie animale, attendu qu'ils entrent dans la composition des plantes alimentaires et qu'ils sont le fondement de toute charpente osseuse. « 1000 kilogrammes de blé, dit le « savant recteur de l'Académie de Rennes, M. Ma- « lagutti, en renferment environ 11 d'acide phospho- « rique, correspondant à peu près à 24 kilogrammes « de phosphate de chaux. Si cette quantité de blé « était consommée sur le lieu de sa production, « l'acide phosphorique finirait par rentrer dans le « même sol d'où les récoltes l'auraient tiré. Mais il « n'en est pas ainsi. »

L'idée de l'application des phosphates des os à l'agriculture, idée qui s'est manifestée pour la première fois il y a quarante ans, a donc été une de celles que la Providence inspire quand elle veut rappeler qu'elle ne cesse pas de veiller sur l'homme.

Cependant, les phosphates que nous utilisons depuis ce petit nombre d'années ne représentent qu'une faible portion de ceux qui sont soustraits sous la forme d'os d'animaux à la circulation de la matière organisée ; ils ne remplacent pas, tant s'en faut, ceux que la mer engloutit sous la forme de limon et de déjections animales et ceux qui sont retenus religieusement dans l'asile des tombeaux. M. Élie de Beaumont a calculé que, depuis le temps des Celtes jusqu'à nous, le phosphate de chaux qui a été emprunté au sol et non rendu par les générations qui se sont succédé sur le territoire français s'élève à deux milliards de kilogrammes.

En présence de ces faits saisissants, il ne faut pas s'étonner siM. Malaguti, dont l'autorité scientifique en ces matières est des plus grandes, s'est écrié à plusieurs reprises, devant la commission d'enquête des engrais que : « la découverte du phosphate fos- « sile était une découverte providentielle, un fait « providentiel. A la manière dont l'agriculture « marche, a-t-il ajouté, si l'on n'y prend garde, il se « produira dans le sol, un abaissement inévitable de « fertilité, car on ne rend pas à la terre, chaque an- « née, tout ce qu'on lui a pris l'année précédente. »

Déjà, à partir de 1851, des essais avaient été faits

en Angleterre pour utiliser le phosphate de chaux dans l'agriculture ; quand, pour la première fois, en 1856, M. de Molon le signala à l'Académie des Sciences, il en recherchait les gîtes depuis plusieurs années et il en avait découvert un grand nombre. Il ne s'agissait plus que d'en propager l'usage. C'était, comme on le voit, rendre à l'agriculture un immense bienfait tout en créant pour la France, une nouvelle richesse minérale.

M. de Molon eut à lutter avec des difficultés de plus d'un genre : les plus rudes à surmonter furent celles que lui opposa la presse agricole.

« Loin de m'aider à vaincre les répugnances de la culture, la presse agricole, dit M. de Molon dans sa déposition devant la Commission des engrais (Enquête, page 377), attaqua ce nouvel engrais avec une violence que rien ne pouvait justifier, et alla jusqu'à dire que le phosphate fossile, n'étant qu'un leurre tendu à la bonne foi des cultivateurs, constituait une fraude coupable qu'il fallait dénoncer au nom des intérêts agricoles menacés ; enfin que cette industrie périrait honteusement. »

Après la calomnie et l'invective vint le silence dont la conspiration est dévoilée par les paroles suivantes prononcées par M. Malaguti devant la commission d'enquête des engrais :

« Aujourd'hui, disait-il, que la question d'assimilation du phosphate fossile est résolue et que son application aux défrichements et aux terres depuis longtemps en culture ne permet plus de douter de ses bons effets, la presse agricole commettrait un crime de lèse-humanité, si elle continuait à se taire. L'indifférence à l'égard d'une découverte aussi précieuse constitue une anomalie dont la postérité ne manquera pas de s'étonner. »

De telles allures, il faut le dire, doivent provoquer l'indignation de tout écrivain honnête qui jouit du privilége d'exprimer à volonté sa pensée indépendante dans une feuille publique. Le silence est coupable en présence de ces procédés odieux et il faut les flétrir, quels que soient les auteurs, sans hésitation et sans crainte.

Pourquoi faut-il que la clairvoyance des gouvernements soit exposée a être obscurcie par les vapeurs malsaines que développent quelquefois autour d'eux les passions d'un entourage plus ou moins immédiat ?

M. de Molon a semé ; il a arrosé le sol de la France de la sueur de son front et de ses veilles, et d'autres aujourd'hui recueillent le fruit de sa semence.

Jusques a quand la raison publique restera-t-elle indifférente a de pareils faits ? jusqu'à quand verrons-nous encore les grandes idées exploitées au profit exclusif des manieurs d'argent ?

Sera-ce donc en vain que M. de Molon aura été honoré des encouragements les plus élevés, les plus éclairés et les plus enviables ?

Que le Jury de l'Exposition générale d'agriculture de 1860 lui aura décerné sa grande médaille d'honneur?

Que les huit sections réunies de cette Exposition auront émis à l'unanimité le vœu qu'une récompense nationale lui fût donnée ?

Que la Commission d'enquête des engrais aura voulu, dans trois séances spéciales, entendre la longue histoire et le développement de ses travaux et de ses découvertes, de ses succès et peut-être aussi de ses infortunes?

Qu'il aura obtenu, enfin, d'occuper au Palais de l'Exposition la première place et un rang distingué dans les comptes-rendus de l'École des Mines?

Jadis Vicat inventa une chaux artificielle, et, sur un rapport d'Arago, les pouvoirs publics lui décernèrent une pension.

Rendre la fertilité à des contrées appauvries et devenues infécondes : contribuer ainsi, de la manière la plus efficace, à conjurer les famines dans l'Etat, est à coup sûr un service plus éclatant que de donner aux ingénieurs des Ponts-et-Chaussées le moyen de fabriquer partout du mortier hydraulique.

L'étude de la composition superficielle et profonde du sol de la France a fait les progrès les plus considérables du jour où l'on a eu l'idée de construire une carte géologique générale. . . . .

. . . .

. . . .

Signé : GRIMAUD DE CAUX.

EMPLOI DU PHOSPHATE DE CHAUX FOSSILE

Quimper, le 19 mars 1868.

Monsieur le Ministre

Plusieurs personnes honorables, propriétaires et cultivateurs habitant les cantons de Châteauneuf, de Rosporden et de Scaër m'ont remis une note sur les résultats obtenus dans cette contrée, la plus inculte du département, par l'emploi du phosphate de chaux fossile et sur l'influence que ce nouvel engrais est appelé à exercer sur la production du sol et spécialement sur la mise en valeur des landes et terres incultes.

L'honorable M. de Molon, propriétaire à Coray, a été le premier dans ce pays à se servir du phosphate de chaux fossile comme agent de fertilisation et il en a propagé l'emploi autour de lui avec un zèle au-dessus de tout éloge.

M. de Molon, qui est un habile agriculteur, a acheté, en 1853, dans les communes de Leuhan et de Coray, cent hectares de landes sur lesquelles il n'existait aucun arbre ; que la bruyère seule peuplait et pour la plupart tourbeuses et inabordables pendant une grande partie de l'année. Aujourd'hui 75 hectares sont défrichés, des bâtiments importants sont construits, et 80 bêtes à cornes, dont une partie appartient à la race du Poitou, se nourrissent et s'engraissent sur cette terre naguère stérile.

Les remarquables résultats obtenus par M. de Molon, sur son domaine de Menez-Ru, au moyen du phosphate de chaux fossile, ont puissamment contribué à propager l'emploi de cet agent fertilisateur et, aujourd'hui, une grande impulsion est donnée au défrichement des landes, dans une contrée jusqu'alors complétement déshéritée.

En transmettant à Votre Excellence la note ci-incluse, je suis heureux de trouver l'occasion de lui signaler les incontestables services rendus à l'agriculture locale par l'honorable M. de Molon.

Comme ne l'ignore pas Votre Excellence, l'intérieur du département du Finistère est, en très-grande partie, à l'état inculte. Démontrer la possibilité d'une culture largement rémunératrice dans des terres jusqu'alors réputées infertiles, était l'exemple le plus urgent à donner au pays. Telle a été l'œuvre de M. de Molon, qui à l'aide de procédés nouveaux, mis à la portée de tous et avec des ressources très-restreintes, a su obtenir et faire obtenir autour de lui des résultats inespérés. Je prie de nouveau Votre Excellence de me permettre d'appeler sur cette œuvre, toute son attention.

Je suis avec respect, monsieur le Ministre, de Votre Excellence, le très-humble et très-obéissant serviteur.

Le Préfet du Finistère,

Signé : Baron RICHARD.

RAPPORT

DE MEMBRES DU CONSEIL GÉNÉRAL, JUGES DE PAIX, MAIRES
ET PROPRIÉTAIRES AGRICULTEURS DU DÉPARTEMENT DU FINISTÈRE

Sur les travaux de M. de Molon.

Les soussignés, membres du Conseil général du Finistère, maires, juges de paix et propriétaires cultivateurs des cantons de Châteauneuf, de Rosporden et de Scaër, appelés à faire connaître les résultats obtenus dans cette contrée de l'emploi du phosphate de chaux fossile, et à exprimer leur opinion sur l'influence que ce nouvel engrais est appelé à exercer sur la production du sol et spécialement sur la mise en valeur des landes et terres incultes, se borneront à récapituler les faits qui se sont produits sous leurs yeux et ceux qui résultent de leurs expériences personnelles.

Il y a environ dix ans que le phosphate de chaux fossile a été employé, pour la première fois, dans le département du Finistère, dans un défrichement entrepris au lieu dit *Menéz-Ru* (Montagne-Rouge), situé sur les confins des cantons précités, c'est-à-dire dans la contrée la plus infertile de nos landes.

Conquérir ce terrain à la culture d'une manière profitable et durable surtout, sans avoir l'appui d'une terre anciennement cultivée, paraissait, à tous, chose impossible ; aussi cette entreprise fut-elle à l'avance généralement condamnée.

Bientôt cependant on y vit des récoltes de céréales pouvant le disputer à celles de nos bonnes terres, et une culture de plantes et racines fourragères (choux branchus et rutabagas jusqu'alors inconnus dans le pays), dont la luxuriante végétation surprit notre attente et attira vivement notre attention.

Ce fait avait une si grande importance pour notre pays d'élevage, que, s'il ne détruisit pas notre incrédulité sur l'avenir de ce défrichement, il excita du moins notre intérêt au plus haut degré et fit naître chez tous le désir de connaître à quel engrais et à quelle méthode de culture étaient dus ces résultats aussi remarquables qu'imprévus.

M. de Molon, qui semblait avoir dans la réussite de son entreprise une confiance absolue, donna, avec le plus louable empressement, aux nombreux visiteurs qu'attiraient ses travaux, toutes les explications qu'ils pouvaient désirer tant sur son système de défrichement et de cultures que sur les propriétés fertilisantes du phosphate de chaux, dont les effets causaient déjà l'étonnement de tous.

Un exemple aussi frappant et des indications si précises des moyens à employer pour obtenir de semblables résultats ne pouvaient manquer de provoquer des imitateurs.

Plusieurs d'entre nous prièrent M. de Molon de leur procurer du phosphate de chaux fossile que nous employâmes dans nos cultures d'après ses indications et dont nous obtînmes les mêmes résultats que lui.

A partir de cet essai, notre conviction sur l'efficacité de cet engrais fut établie et chaque année voit augmenter la consommation que nous en faisons.

Aujourd'hui, il n'est pas un cultivateur dans la contrée qui ne recherche avec empressement ce nouvel agent de fertilisation.

Le service que M. de Molon a rendu à l'agriculture ne s'est pas borné à nous faire connaître et à propager l'emploi du phosphate de chaux fossile; son exploitation nous a fourni d'autres exemples non moins utiles à suivre. La culture du trèfle, celle des racines et plantes fourragères nous offrait de trop grands avantages pour que chacun ne désirât pas l'introduire dans son exploitation et M. de Molon nous facilita, autant qu'il était en son pouvoir, les moyens d'y parvenir; c'est ainsi qu'un grand nombre de cultivateurs trouvèrent chez lui, gratuitement, des plantes et des graines avec les indications nécessaires pour leur culture.

Après quelques années nous avons pu constater, avec une vive satisfaction, que les récoltes de M. de Molon, loin de s'amoindrir, comme c'était notre crainte, augmentent incessamment.

L'emploi de la chaux joint à celui du phosphate et aux grandes quantités de fumier produit par un bétail nombreux et bien nourri, devait en effet, comme nous le comprenons aujourd'hui, assurer à ces terres, jadis si méprisées, une fertilité non-seulement considérable, mais encore croissante; aussi un prix d'honneur de l'arrondissement de Châteaulin pour l'ensemble des cultures lui a-t-il été décerné et, chaque année, a-t-il également obtenu les premiers prix accordés aux cultures fourragères par le comice de son canton. L'extension qu'il a donnée à cette dernière culture lui permet d'entretenir aujourd'hui un bétail plus nombreux que la plupart des plus fortes exploitations du pays.

Désormais, l'avantage que présentait le défrichement des landes ne faisant plus aucun doute, dans
notre esprit, chacun ne songea plus qu'à se mettre
à l'œuvre pour conquérir à la culture les terres im-
productives qui formaient en général plus de la
moitié et quelquefois plus des trois quarts des propriétés du pays. Dans ce genre de travail qui présente
souvent des difficultés aux débutants, les cultivateurs
trouvèrent encore l'utile concours de M. de Molon
dont les animaux et les instruments ne furent jamais
refusés à personne. Il venait même souvent tenir la
charrue pour démontrer l'effet qu'on pouvait obtenir
d'un instrument bien approprié à ce genre de travail.

Disons de plus que sa méthode si économique
permettant aux cultivateurs de rentrer, dans la
même année, dans les avances qu'ils font, a puissamment contribué à donner la grande impulsion
que l'on voit aujourd'hui partout se produire dans
le défrichement des landes.

Ainsi donc, grâce à la découverte du phosphate de
chaux-fossile, grâce à l'exemple et à l'impulsion
mentionnés ci-dessus, grâce encore à la chaux dont
l'emploi se généralise de plus en plus, le progrès
agricole est devenu considérable dans l'intérieur de
la Bretagne et ne s'arrêtera plus.

Ce qui importe désormais à la marche incessante
de ce progrès, c'est la certitude de pouvoir toujours

obtenir du phosphate de chaux au prorata de nos besoins sans augmentation de prix et de ne jamais avoir à redouter sa sophistication. Les sources où l'industrie puise le phosphate de chaux ne sont sans doute pas près de se tarir en France; cependant ne pourrait-il pas être à craindre que les demandes des cultivateurs, qui sont déjà très-considérables, et qui atteindront certainement, avant peu, des proportions énormes, ne pouvant peut-être pas être facilement satisfaites par le commerce, ne donnassent lieu à des falsifications dont quelques cultivateurs ont déjà eu à se plaindre?

Nous ne saurions donc trop appeler la sollicitude du Gouvernement sur l'administration d'une si grande richesse nationale, afin que le phosphate de chaux aujourd'hui reconnu comme indispensable à la production du sol ne fasse jamais défaut aux besoins toujours croissants de notre industrie agricole.

DE ROSENCOAT,
Maire d'Elliant, membre du
Conseil général.

CHARDON,
Maire de Bannalec, Conseiller général.

LE BRETTON,
Conseiller général.

OLLIVIER,
Juge de paix du canton
de Scaër.

LE PREVOST,
Notaire, maire de Rosporden,
Conseiller d'arrondissement.

SÉHÉDIC,
cultivateur
Maire de Leuhan.

GUYONVARC'H,
Notaire, maire de Coray.

LE BOURHIS,
cultivateur
Maire de Trégourez.

RAPPORT

De M. le Directeur de l'Agriculture

SUR LES DÉCOUVERTES ET LES TRAVAUX AGRICOLES
DE M. DE MOLON

Ancien élève de Saint-Cyr (Promotion de 1826), M. de Molon abandonna promptement la carrière militaire pour se livrer à l'étude de l'agriculture.

Après quelques années consacrées à l'instruction spéciale de cette profession, M. de Molon qui joignait à des connaissances très-étendues, un grand esprit d'observation, dirigea ses études sur la recherche des moyens d'augmenter la production du sol, et·de réaliser les progrès que l'agriculture réclamait.

Je ne parlerai point des premiers succès que M. de Molon obtint dans les concours de labourage et d'instruments agricoles, ni des applications heureuses qu'il sut faire des diverses substances animales, alors inutilisées, ainsi que des débris de poissons provenant de nos grandes pêches maritimes, pour accroître la masse des engrais disponibles. Il

8

est une autre nature de travaux qui recommande hautement M. de Molon à la reconnaissance publique, c'est la découverte de gisements considérables de phosphate de chaux fossile en France, et de leur mode économique d'emploi dans l'économie rurale.

Après plusieurs années d'observations journalières et d'expériences multipliées ayant pour objet l'étude des causes de l'épuisement des terres et les conditions de la durée de la fertilité, M. de Molon entrevit cette loi, dite *de restitution,* que la science a fixée depuis, et conclut que, pour maintenir la productivité du sol, il était indispensable de trouver en dehors des produits de la culture, c'est-à-dire des engrais de la ferme, les matières minérales et organiques exportées avec les récoltes, afin de combler le déficit qui se produit entre les recettes et les dépenses annuelles de la terre.

Avec une conviction ardente, il commença et poursuivit d'abord la recherche des engrais carbonatés si nécessaires à la fertilisation des sols dépourvus de calcaire.

Il constata, sur les côtes de la Manche et de l'Océan, l'existence d'un grand nombre de bancs de tangues, de polypiers, de maerls, de tress, de sables coquillers et de madrépores, à l'exploitation desquels il donna une vive impulsion en en faisant draguer plusieurs milliers de tonnes qu'il fit transporter dans l'intérieur des terres et jusque dans le port de Nantes.

Ces travaux ne constituaient pas, il est vrai, une découverte nouvelle. Les substances marines que M. de Molon indiquait, avaient été de tout temps utilisées sur des terres voisines des côtes où elles se rencontrent. Le service que rendait ici M. de Molon à l'agriculture, se bornait à signaler aux cultivateurs de l'intérieur de la Bretagne de nouveaux gisements d'un amendement qu'ils pouvaient se procurer à peu de frais, et dont l'application constituait un élément précieux de fécondité.

Ces recherches n'avaient encore qu'une portée restreinte. M. de Molon les étendit bientôt à toutes les matières animales que la mer pouvait fournir. C'est alors qu'il s'occupa de l'utilisation des débris de poissons, en créant des établissements en France et à Terre-Neuve, opération qui constituait une vaste entreprise dont les produits consistaient dans un engrais plus puissant et d'un prix beaucoup moins élevé que le guano du Pérou, lorsqu'une catastrophe aussi imprévue qu'indépendante de son action lui enleva le prix des sacrifices qu'il avait faits pour créer cette utile industrie.

Cette circonstance fâcheuse ramena M. de Molon à des recherches qu'il poursuivait déjà depuis long-temps et qui devaient avoir une portée bien plus grande encore pour l'avenir de la prospérité de l'agriculture.

Toujours préoccupé du rôle que devaient jouer les matières minérales dans la production végétale, M. de Molon reprit ses études dans ce sens et, s'appuyant sur quelques données encore très-vagues, il chercha à se rendre compte de l'influence d'une substance dont la science ne s'était pas encore occupée.

En 1818, on avait signalé pour la première fois en France, la chaux phosphatée. En 1820, M. Berthier avait publié dans le *Journal des Mines*, l'analyse de rognons de phosphate de chaux trouvés dans la craie chloritée du cap de la Hève. Enfin, des gisements d'apatite ou phosphate de chaux cristallisé avaient été signalés en Espagne ; mais jusqu'en 1856, époque à laquelle M. de Molon fit connaître par un mémoire à l'Académie des Sciences, la découverte en France de nombreux gisements de cette substance, et l'application qui pouvait en être faite au profit de l'agriculture, nul n'avait songé, dans notre pays, à rechercher ces matières, et surtout personne n'avait pensé qu'elles fussent susceptibles d'être utilisées dans l'économie rurale.

Cependant, de savants géologues avaient découvert, en Angleterre, des gisements de chaux phosphatée vers 1851, et sur les conseils de l'illustre baron Liebig, ce phosphate de chaux, après avoir été dénaturé chimiquement au moyen de l'acide sulfurique, avait été employé avec succès pour l'engraissement des terres.

Pendant ce temps, M. de Molon parcourait la France et relevait, dans 39 départements, l'existence de gisements de phosphate de chaux fossile dessinant une zone presque rectiligne d'environ 300 kilomètres de longueur sur une largeur moyenne de 10 kilomètres au moins, soit 3,000 kilomètres carrés. Il reconnaissait, par des sondages multipliés, que, sur le plus grand nombre de ces points, l'extraction des nodules phosphatés était facile et leur abondance inépuisable.

Une nouvelle richesse minérale considérable était ainsi, en quelque sorte, créée en France.

La science a fait connaître la composition et l'influence du phosphate de chaux fossile; je n'entrerai donc dans aucun détail à ce sujet.

D'ailleurs, le résultat de ces premiers travaux et l'examen scientifique de cette question sont consignés dans le mémoire que M. de Molon adressa à l'Académie des Sciences, le 18 décembre 1856, et dont j'ai parlé plus haut. Mais il ne suffisait pas d'avoir découvert les gisements de phosphate de chaux fossile, il fallait les utiliser au profit de la production agricole et en vulgariser l'emploi. Ce fut la nouvelle tâche que M, de Molon poursuivit, et cette phase de son existence industrielle ne fut pas la moins pénible, la moins agitée, car il allait rencontrer tous les obstacles et le mauvais vouloir que l'ignorance, la routine et l'envie opposent à tout progrès, si profitable qu'il soit. C'est vers la fin de 1855 que M. de Molon ayant alors terminé tous ses essais, commença à se mettre à l'œuvre.

Il lui fallut d'abord obtenir des propriétaires des terrains le droit d'extraction. Il trouva d'abord, de ce côté, de grandes résistances, et les conditions qu'on lui fit, furent, dans beaucoup de cas, très-difficiles à remplir; il s'agissait ensuite d'extraire le phosphate du sol, de le séparer de sa gangue et de le pulvériser.

Pour cela tout était à créer, instruments et ouvriers, et si l'on songe que ce travail était nouveau, et en dehors des habitudes de la population de la contrée, on se rendra compte des difficultés que M. de Molon eut à surmonter, et des dépenses auxquelles il fut entraîné.

Après avoir produit son nouvel engrais, M. de Molon dut chercher des cultivateurs qui consentissent à en faire l'emploi; pour obtenir ce résultat, il dut non-seulement fournir gratuitement le phosphate de chaux prêt à être employé, mais encore se rendre souvent garant des récoltes.

On aurait pu supposer que les hommes de progrès, à l'annonce d'une nouvelle substance dont ils pouvaient étudier les effets et qui devait avoir une influence considérable sur la prospérité de notre agriculture, se seraient empressés d'accueillir une semblable découverte, ou au moins de l'étudier avant d'en discuter la portée. Il n'en fut rien.

Loin d'avoir à vaincre les répugnances de l'agriculture, la presse agricole attaqua l'emploi du phosphate de chaux fossile, souvent avec une passion que rien ne justifiait, et M. de Molon dut soutenir une vive polémique avec les détracteurs de sa découverte.

Mais ses efforts ne pouvaient rester et ne restèrent point longtemps isolés. La voix de la science lui vint en effet en aide; M. Élie de Beaumont, dans un travail sur les gisements géologiques de phosphore, proclama la nécessité du phosphate de chaux pour entretenir la fécondité du sol. M. Malagutti, aujourd'hui recteur de l'Académie de Rennes, mais alors doyen de la Faculté des Sciences et l'un de nos plus savants chimistes agricoles, discuta publiquement la valeur du phosphate de chaux fossile et proclama l'excellence des effets qui résultaient de son application aux défrichements des terres incultes.

Peu à peu les résistances et les oppositions s'apaisèrent et le phosphate de chaux commençait à être recherché par la culture, lorsque les marchands d'engrais de l'Ouest, redoutant une concurrence qui menaçait de tarir dans sa source, chez un grand nombre d'entre eux, une partie des bénéfices qu'ils tiraient de manipulations inavouables s'attachèrent, à leur tour, à détourner leurs clients de l'emploi de cette matière minérale Ce fut une nouvelle lutte à soutenir, et de laquelle M. de Molon sortit encore triomphant.

De 1855 à 1861, période d'initiation, M. de Molon fit livrer environ 34 millions de kilog. de phosphate de chaux fossile à l'agriculture, partie gratuitement, partie au prix de 5 fr. les cent kilog., lesquels ne revenaient pas à moins de 9 fr.

Dans ces conditions, les ressources de M. de Molon ne pouvaient pas tarder à s'épuiser, mais aucune considération d'intérêt ne l'arrêta dans son œuvre. Il trouva dans la vente de son patrimoine, et dans des emprunts faits à ses parents et à ses amis, des sommes importantes qui lui permirent de continuer la tâche qu'il avait entreprise et dont les résultats s'affirmèrent enfin de la manière la plus éclatante en 1860.

L'Exposition générale de l'agriculture de 1860 avait été, en effet, une circonstance des plus favorables à la vulgarisation du phosphate fossile; le jury avait accordé à M. de Molon, la grande médaille d'honneur et ses 'huit sections réunies avaient émis, à l'unanimité, le vœu qu'une récompense nationale lui fût donnée.

A partir de cette époque, les demandes de phosphate de chaux fossile se multiplièrent.

Les marchés onéreux que M. de Molon avait dû subir pour l'extraction, la pulvérisation et les transports du phosphate étaient arrivés à leur terme, et on lui proposait de les renouveler avec une réduction de prix de plus de 50 0/0.

Les propriétaires des terrains phosphatés qui avaient été au début opposés à l'extraction des nodules, s'y prêtaient alors avec d'autant plus d'empressement, qu'en dehors du prix, à eux payé, pour le droit d'exploitation, ils avaient reconnu que le travail de l'extraction, en donnant au sol une perméabilité qu'il n'avait pas, améliorait son état physique.

D'un autre côté, le prix des transports était considérablement abaissé par suite de l'ouverture du chemin de fer des Ardennes.

Les ouvriers, familiarisés avec le travail, et l'adoption d'appareils mieux agencés, permettaient de réaliser une économie considérable sur la main-d'œuvre, et la pulvérisation des mille kilogrammes de nodules qui avaient coûté 15 fr. en moyenne, pouvait être obtenue au prix de 5 fr.

En un mot, la tonne de phosphate de chaux fossile pulvérisée et prête à être employée, qui était revenue à Paris au prix minimum de 90 fr. jusqu'au 30 juin 1861, n'allait plus y coûter que 50 fr. au maximum.

Pendant le cours de sa polémique avec la presse, M. de Molon avait soutenu que le système anglais, celui conseillé par le savant Liebig, c'est-à-dire la dénaturation chimique des nodules au moyen de l'acide sulfurique et sa transformation en super-phosphate, constituait une opération inutile; il ajoutait que le phosphate de chaux fossile simplement réduit en poudre fine par un moyen mécanique aurait le même effet, serait aussi favorable à la fécondation du sol et que le premier système, en élevant considérablement le prix de la matière, n'avait d'autre effet que d'en augmenter la solubilité sans rien ajouter à son utilité.

La pratique a donné raison à M. de Molon.

Ainsi, sur tous les points, le succès de ses découvertes était complet, toutes ses prévisions scientifiques et industrielles se réalisaient, et il allait pouvoir liquider sa situation et acquérir, sans nul doute, une grande fortune, lorsqu'un incident imprévu vint briser son entreprise et l'obligea à abandonner une opération à laquelle il avait tout sacrifié.

La concurrence s'était éveillée. Des hommes employés par M. de Molon, mis au courant de ses découvertes et de ses moyens d'action, se tournèrent contre lui en demandant l'annulation des brevets qui devaient lui assurer pendant 15 ans la propriété exclusive de l'industrie qu'il avait créée de toutes pièces.

Un jugement du tribunal civil de la Seine du 9 juin 1860, ainsi qu'un arrêt de la cour impériale de Paris du 17 mars 1861 contre lequel un pourvoi fut inutilement tenté à la Cour de Cassation, proclamèrent la grandeur du service rendu par M. de Molon, mais décidèrent que l'application directe d'une substance naturelle à la fécondation du sol n'était pas susceptible d'être brevetée. L'annulation des brevets fut ainsi prononcée.

La situation de M. de Molon était complétement perdue, puisque le fruit de ses travaux tombait dans le domaine public. Il lui était désormais impossible non-seulement de réaliser des bénéfices, mais encore de réparer les pertes qu'il avait dû subir.

Une auguste intervention, celle de l'Empereur, lui avait ménagé toutefois un moyen de salut : Sa Majesté avait exprimé la pensée que M. de Molon reçût une large part dans les 40 millions avancés à l'industrie lors de la conclusion des traités de commerce; S. E. M. Rouher, qui dirigeait alors le département de l'agriculture, du commerce et des travaux publics, appuya la demande de crédit que M. de Molon avait faite au gouvernement. La commission chargée de se prononcer sur l'admission des demandes de crédit, proposa de confier à ce dernier une somme importante à l'aide de laquelle il pouvait encore tout sauver avant que ses concurrents fussent en mesure de le supplanter.

Toutes ces bienveillantes recommandations, toutes ces intentions favorables restèrent sans effet, par suite de l'opposition du ministre des finances.

Tels furent les désastreux résultats d'une entreprise conçue par une grande pensée de bien public et à l'accomplissement de laquelle son auteur avait subordonné toutes les considérations personnelles.

Je n'aborderai pas dans cette note le côté scientifique que la question du phosphate de chaux fossile renferme. Toutefois, il est un point sur lequel je crois devoir appeler l'attention sur la portée de la découverte de M. de Molon au point de vue agricole.

Il y a peu d'années encore, on ignorait, en agriculture, la cause de la fertilité des terres cultivées, ainsi que celle de leur épuisement. On savait seulement que certains travaux de culture augmentaient les rendements du sol; on croyait qu'avec une certaine quantité de bétail et une certaine variation dans l'assolement, on pouvait se procurer tout le fumier nécessaire aux récoltes. On supposait enfin que dans les semences et dans le sol résidaient les forces qui produisent les fruits de la terre; que le repos suffisait pour restaurer les champs fatigués. Le repos et le fumier étaient ainsi pour la terre les grands et uniques réparateurs des forces dépensées pour la production des fruits.

On avait reconnu toutefois que certaines grandes contrées qui avaient été jadis le siége de cultures florissantes, telles que la Sicile et l'Afrique septentrionale qui furent les greniers d'abondance de Rome, se trouvaient transformées presque en déserts improductifs ayant peine à nourrir leurs habitants. On constatait, par des faits nombreux, que les récoltes diminuaient dans beaucoup de localités, et l'on attribuait ces résultats à l'incapacité des cultivateurs, au défaut de travail, à l'insuffisance du fumier ou à l'absence d'un bon assolement.

Il appartenait à la science de faire la lumière dans une question restée aussi obscure.

La chimie avait soumis toutes les parties des végétaux à des méthodes rigoureuses d'investigation et analysé le sol arable des différentes contrées de l'Europe.

Elle était ainsi arrivée à reconnaître que les semences, les fruits, les racines et les feuilles des végétaux absorbaient dans le sol, certains éléments minéraux qui sont les mêmes dans tous les terrains; que ces éléments ne sont pas des constituants accidentels et variables selon la localité, mais qu'ils servent à l'édification du corps du végétal, que, par conséquent, les matières minérales jouaient, dans l'alimentation de la plante, le même rôle que le pain et la viande chez l'homme, et les fourrages chez les animaux; que le sol fertile est largement pourvu de ces substances nutritives tandis que le sol stérile n'en contient qu'une faible proportion, et qu'en les apportant dans une terre pauvre, on pouvait la rendre féconde. La science reconnaissait encore que le phosphate de chaux jouait un rôle très-important dans ce travail d'élaboration des végétaux.

« La somme totale des productions agricoles qu'un
« pays peut fournir, a dit M. Élie de Beaumont, la
« somme totale de viande, de grains, de légumes
« qu'il peut livrer à la consommation, dépend sur-
« tout de la quantité de *phosphate de chaux* qui
« se trouve engagée dans la masse de la matière
« organique ou agricole. »

M. Malagutti, doyen de la Faculté des Sciences et professeur de chimie agricole à l'Académie de Rennes, tient le même langage et s'exprimait ainsi dans l'enquête sur les engrais en 1864, séance du 27 décembre. « Je n'hésite pas à dire que la découverte
« du phosphate fossile est une découverte provi-
« dentielle. »

« Le guano n'est qu'une ressource limitée, tem-

« poraire, et au moment où l'on prévoit qu'il peut
« manquer, c'est, je le répète, une découverte pro-
« videntielle que celle du phosphate fossile. Le
« succès de ce phosphate en Bretagne est véritable-
« ment prodigieux. »

La pratique a partout ratifié les déclarations de la
science.

Une Commission nommée par M. le préfet du
Finistère, composée de membres du Conseil général,
de maires, de juges de paix et d'agriculteurs, et
chargée de faire connaître les résultats obtenus en
Bretagne par l'emploi du phosphate de chaux,
s'exprime ainsi dans son rapport :

« Grâce à la découverte du phosphate de chaux
« fossile, le progrès agricole est devenu considérable
« en Bretague et ne s'arrêtera plus.

« Ce qui importe désormais à la marche inces-
« sante de ce progrès, c'est la certitude de pouvoir
« toujours obtenir du phosphate de chaux fossile au
« prorata de nos besoins, et de n'avoir jamais à
« redouter sa sophistication. »

Le phosphate de chaux est non-seulement l'un
des éléments essentiels auxquels est due la fertilité
de nos terres, mais encore celui dont la restitution
est la plus importante. C'est ce qui explique le succès
inouï du guano péruvien et celui plus grand encore
du phosphate de chaux fossile, car actuellement

le dernier (le phosphate) n'est plus employé seulement dans les terrains cristallisés, et de transition de l'ouest, du centre et du midi de la France, ainsi que cela avait lieu dans les premières années de sa découverte, mais il est recherché à l'égal du guano dans tous les départements de la France et, partout, l'expérience ne laisse aucun doute sur son efficacité.

Enfin, à l'Exposition universelle de 1867, les travaux de M. de Molon, qui avait exposé une collection de nodules provenant de ses recherches, ont été récompensés par un *grand prix* et une *grande médaille d'or* décernés pour la découverte, l'exploitation et l'emploi des phosphates de chaux fossile, en agriculture, à l'état de *poudre naturelle*.

En ce moment, le phosphate de chaux fossile se traite en vue des besoins agricoles, dans environ 90 usines pouvant livrer annuellement plus de 200,000 tonnes de produits pulvérisés, et cette production est encore cependant notablement inférieure aux besoins de la consommation. J'ajouterai que, suivant la déclaration du consignataire en France des guanos du Pérou, la consommation de cette substance dans notre pays n'a jamais dépassé annuellement 50,000 tonnes. Ce chiffre, comparé à celui du phosphate de chaux fossile, justifie ce que je disais plus haut de la faveur qui s'attache à ce dernier produit.

Ces faits, dont la portée ne peut échapper à personne, permettront d'apprécier l'étendue du service rendu par M. de Molon à l'agriculture française.

Tous les chercheurs heureux, tous les inventeurs ont eu à soutenir des luttes pour assurer le succès de leurs découvertes, à faire des avances considérables pour les faire accepter; ils ont souvent compromis leur fortune, mais si la mort ne les a pas arrêtés, ils ont trouvé un jour la rémunération légitime de leurs travaux. M. de Molon serait aujourd'hui à la tête d'une vaste et fructueuse entreprise; il eût non-seulement récupéré ses avances, mais encore il serait sur la voie d'une grande fortune, avec la satisfaction d'avoir rendu un immense service à son pays et à l'agriculture du monde entier; il jouirait, sans aucun doute, aujourd'hui de richesses bien légitimement et bien honorablement acquises, si les décisions judiciaires que j'ai fait connaître plus haut, ne lui avaient point arraché le fruit de ses labeurs.

Il me semble que, si grâce à la loi qui ne permet pas de breveter l'application directe d'une substance naturelle à la fécondation du sol, le public est doté des bénéfices d'une découverte si précieuse, c'est au public, dans un sentiment d'équité légitime, à indemniser l'auteur des investigations et des travaux qui ont révélé à tous l'existence, les effets et le mode d'emploi de ces matières fécondantes dont l'exploitation a créé une nouvelle richesse minérale et une source de bénéfices aux industriels qui livrent ces substances à la consommation comme aux agriculteurs qui l'emploient.

A ce titre, je pense que M. de Molon se recommande hautement à la gratitude du gouvernement de la France, et que c'est à ce gouvernement à lui payer la dette qui résulte pour le pays de l'interprétation de ses brevets par le jugement du tribunal de la Seine et l'arrêt de la Cour impériale de Paris.

Tels sont les renseignements que je suis heureux de pouvoir transmettre sur les travaux si utiles et si intéressants de M. de Molon.

Le directeur de l'agriculture,
Signé : MAUNY DE MORNAY.

8 juin 1868.

DEMANDE DE RÉCOMPENSE NATIONALE

Adressée au Gouvernement Impérial le 1er mai 1869

En faveur de M. de Molon

Par MM. Élie de Beaumont, Dumas, de Raynal, Boinvilliers, Valette,
Tisserand et le général Favé.

A SON EXCELLENCE M. ROUHER, MINISTRE D'ÉTAT.

Monsieur le Ministre,

Le Gouvernement de l'Empereur a toujours montré le plus généreux empressement à reconnaître les grands services rendus au pays, et à venir en aide aux hommes qui, dans la pensée d'être utiles, ont sacrifié, sans hésitation, leur situation personnelle et sont devenus les victimes de leur amour du bien public. C'est qu'une grande nation s'honore en proclamant et en acquittant ces dettes de reconnaissance : lorsqu'un citoyen a succombé, après de courageux efforts, dans une œuvre d'intérêt général, elle le relève, elle le récompense, elle assure au moins la dignité, l'aisance de ses vieux jours, l'avenir de sa famille et de tels sacrifices sont les plus productifs de tous, car ils suscitent de nouveaux dévouements.

Nous venons solliciter Votre Excellence de donner une preuve de plus de cette noble politique, si conforme au génie de la France et de l'Empereur et à vos propres inspirations, en faisant accorder, par une loi, une récompense nationale à M. de Molon, auquel l'Agriculture Française doit incontestablement le plus grand bienfait dont elle ait été dotée de notre temps : la découverte, l'exploitation pratique et l'application directe à la fécondation du sol, des nodules de phosphate de chaux fossile.

Il n'y a pas plus de quinze ans que l'existence de vastes gisements de phosphate de chaux dans un grand nombre de départements et leur utilité agricole étaient des faits inconnus ou contestés.

Ce sont aujourd'hui des faits certains; ils ont donné naissance à une grande industrie, dès à présent pleine de vitalité et d'avenir, qui a fait, en quelques années, de rapides et d'importants progrès, qui semble appelée à en faire de plus rapides et de plus importants encore.

Dans l'état actuel des choses, les extractions de phosphates n'ont lieu encore que dans trois départements, les Ardennes, la Meuse et la Marne; elles peuvent s'étendre à beaucoup d'autres localités. Lavés sur place et expédiés par eau ou par chemin de fer, on les réduit en poudre dans plus de vingt usines importantes, sans compter un grand nombre de petits moulins à eau ou à vent, employés au même usage.

En déduisant les chômages, il n'y a pas d'exagération à affirmer que cent cinquante paires de meules sont journellement employées à pulvériser les nodules et peuvent en mettre, chaque année, 200,000 tonnes à la disposition de l'agriculture. Chaque tonne tout compris, revenant environ à 80 fr. en moyenne au lieu de consommation, l'agriculture en emploierait dès à présent pour 16 millions qui se partagent en indemnités aux propriétaires du sol, en salaires d'ouvriers, en prix de transports, en bénéfices pour les intermédiaires.

Comme l'effet utile des phosphates se démontre chaque jour, par des expériences qui se multiplient; comme ils tendent à se substituer, grâce à la modicité relative de leur prix, soit par leur emploi direct dans le sol, soit par leur mélange avec diverses matières fertilisantes à beaucoup d'autres engrais, notamment au noir animal; comme les colonies françaises elles-mêmes et les contrées étrangères en demandent des quantités de plus en plus considérables, il n'est pas douteux que de nouveaux gisements, déjà signalés, ne soient bientôt ouverts. On parviendra ainsi à utiliser, au profit de la classe ouvrière, de l'agriculture, de l'industrie des transports, de la navigation maritime, du commerce extérieur, une matière jusqu'ici considérée comme sans valeur, et dont notre sol contient des quantités inépuisables.

Loin de perdre à cette extraction, notre sol y gagnera une fécondité nouvelle, parce qu'on l'aura rendu perméable, en enlevant une couche imperméable à l'eau.

C'est donc là une véritable création de richesse qui vient mettre à la disposition de l'agriculture, de l'industrie et du commerce, de nouveaux éléments de prospérité sans en détruire aucun.

Or, il est permis d'affirmer que le créateur de cette richesse, c'est M. de Molon.

Il l'a pressentie, avec le coup d'œil d'un inventeur, il en a vérifié la réalité par de longues et pénibles recherches, par de coûteuses expériences, il a organisé, à grands frais et dans les conditions les plus défavorables, les premières exploitations et triomphé à force de persévérance, de toutes les difficultés, de toutes les préventions, et de toutes les incrédulités; il y a sacrifié son temps, son intelligence, sa fortune, son avenir, celui de ses enfants, sa tranquillité, son crédit; et quand le succès est enfin arrivé, que toutes les difficultés ont été vaincues, que la période de l'exploitation profitable s'est enfin ouverte, il était trop tard! M. de Molon avait épuisé ses dernières ressources. Il est resté pauvre, en présence de cette industrie qu'il avait créée et qui devait en enrichir tant d'autres.

Un tel service rendu et une telle situation semblent appeler, au plus haut degré, la sollicitude du gouvernement de l'Empereur.

Quelques faits et quelques dates sont nécessaires pour justifier ce que nous venons demander à Votre Excellence.

M. René-Charles-Marie de Molon, né à Rennes, le 27 mai 1809, appartient aux plus honorables familles de Bretagne. Il est l'aîné de huit enfants, un de ses frères est général d'artillerie ; deux autres comptent au nombre des agriculteurs les plus distingués de leur pays natal. Il s'est marié en 1838, dans les conditions d'une large aisance : trois enfants sont nés de ce mariage, deux filles, Élodie-Marie-Adélaïde, Alice-Marie-Caroline et un fils Charles-Auguste-François-Marie. Il a eu le malheur de perdre sa femme en 1862, et il n'est pas douteux que les pénibles émotions qui ont si cruellement éprouvé le cœur de la mère de famille, ont contribué à sa fin prématurée.

M. de Molon, qui avait choisi d'abord la carrière militaire, s'est consacré de bonne heure à la pratique agricole, et dès 1836, il a été dominé par une pensée devenue bientôt chez lui une conviction ardente, pensée qui devait se vérifier plus tard, alors à peine entrevue ou vivement repoussée, et de laquelle dépendait à ses yeux l'avenir de l'agriculture française, en d'autres termes, de l'alimentation publique.

La science avait alors à peine tiré les premières conséquences qui pouvaient ressortir de l'analyse patiemment poursuivie des cendres des végétaux utiles ; et on n'avait pas encore formulé d'une manière précise cette loi que l'atmosphère et le sol fournissent aux plantes tous les éléments qui les constituent; que, s'il en est quelques-uns qu'elles empruntent à une source inépuisable, l'atmosphère, il en est d'autres qu'elles demandent au sol lui-même, mais qui ne peuvent se renouveler et qu'épuise une culture prolongée; qu'il faut donc les lui rendre sous peine de le voir, avec le temps, devenir stérile à jamais comme certaines grandes contrées qui ont été jadis le siège de cultures florissantes et qui se sont transformées en désert improductif. Sous l'empire de cette pensée, qui constitue en effet le grand problème agricole de notre époque, et de laquelle dépend peut-être la durée des civilisations, M. de Molon a dès lors consacré sa vie à découvrir les sources auxquelles on devait puiser indéfiniment, pour les restituer, les éléments minéraux indispensables à toute production végétale. Courses géologiques, conseils et exemples prodigués aux populations rurales de son pays, active propagande, vive polémique, créations dispendieuses d'établissements spéciaux, il n'a rien épargné pour faire triompher ce qu'il considérait comme une vérité capitale, comme un intérêt de premier ordre.

C'est ainsi que de 1836 à 1850, ses études se portèrent principalement sur la recherche des gisements calcaires et des moyens de rassembler et d'utiliser les matières organiques azotées et phosphatées, restées jusqu'alors sans emploi. Il constata, sur toute la côte de la Bretagne, des bancs nombreux de polypiers, maerls et madrépores, dont il fit draguer plusieurs milliers de tonnes; et on peut évaluer aujourd'hui à plus de quatre millions de tonnes les quantités que, dociles à ses indications, introduisent annuellement dans leurs terres, les cultivateurs du Finistère, des Côtes-du-Nord et du Morbihan.

En 1850, il songea à utiliser les débris de poissons provenant des grandes pêches maritimes, principalement de la pêche de la morue. Il fréta des navires, commissionna des agents, fit faire à ses frais de lointaines exploitations; il créa à Terre-Neuve un établissement important ; dans le même ordre d'idées, il fonda en 1853, dans le port de Concarneau, une vaste usine pour utiliser les déchets considérables des fabriques de conserves de sardines qui existent sur toute la côte : établissement qui subsiste encore et qui prospère, mais qui a échappé à M. de Molon comme l'exploitation de Terre-Neuve.

Cependant, en 1850, il avait repris le cours de recherches, plus importantes encore au point de vue de l'intérêt agricole, celles des gisements de phosphate de chaux fossile.

Dès 1846, M. Dumas avait signalé le rôle des phosphates dans la végétation, et leur existence, dans la nature minérale, avait été signalée par MM. les ingénieurs des mines, notamment par M. Berthier. Mais la question restait à l'état d'une indication purement théorique. Enfin, après vingt années de voyages multipliés, de sondages et de fouilles, d'expériences et d'analyses chimiques, M. de Molon, qui avait d'abord porté son examen sur 39 départements, compléta ses études pour onze, et il parvint à constater, de Novion-Porcien à Saint-Dizier, l'existence d'une zone presque rectiligne de gisements facilement exploitables sur une longueur de 300 kilomètres et une largeur de 10, c'est-à-dire sur une surface minimum de 3,000 kilomètres carrés. Tous ces gisements étaient marqués avec précision sur un exemplaire de la carte de France, œuvre monumentale de l'État-Major. Sous ce premier rapport, la question était résolue, et le 18 décembre 1856, M. de Molon fit connaître ses découvertes dans un mémoire adressé à l'Académie des Sciences, inséré dans le compte-rendu de ses séances et reproduit dans le *Moniteur Universel* du 7 janvier 1857. Ce mémoire précédait un grand travail sur l'utilité agricole et sur les gisements géologiques du phosphore également reproduit au *Moniteur* dont le savant auteur, M. le sénateur Elie de Beaumont, a constamment honoré de sa bienveillance et de son estime, le patient investigateur qu'il avait encouragé dans ses travaux.

C'était là, sans doute, un résultat considérable ; mais le plus difficile restait encore à faire. En présence d'hostilités systématiques et intéressées, et des doutes mêmes qui accueillent toutes les découvertes, il fallait organiser les exploitations, nécessairement plus coûteuses au début, et subir les premières exigences des propriétaires du sol ; il fallait prouver, par de nombreux essais, ce qui était vivement contesté, que les phosphates pouvaient, sans coûteuses préparations, par le fait seul de leur pulvérisation, devenir immédiatement un agent actif et utile de fécondation. Il fallait enfin faire accepter, par l'agriculture qui hésite toujours longtemps avant d'adopter des pratiques nouvelles, l'élément de fertilité qu'on lui offrait.

M. de Molon fut assurément soutenu par de puissantes sympathies ; il reçut de précieux encouragements. Le Jury de l'exposition d'agriculture de 1860 lui décerna la grande médaille d'honneur et ses huit sections réunies émirent, à l'unanimité , le vœu qu'une récompense nationale lui fût donnée.

L'empereur, dans sa haute sollicitude pour tout ce qui intéresse le bien public, daigna exprimer une vive sympathie pour les travaux de M. de Molon, l'exhorta à les poursuivre, à leur donner de l'extension. Enfin, les essais tentés par un grand nombre d'agriculteurs non-seulement dans les landes de Bretagne et de Gascogne où le succès fut complet, mais encore sur beaucoup d'autres points, vinrent démontrer avec éclat ce qui avait été si longtemps contesté , l'efficacité des phosphates simplement pulvérisés, et justifier ainsi toutes les prévisions de M. de Molon.

D'un autre côté, les propriétaires des terrains où existaient des gisements de phosphate avaient compris que l'enlèvement de la couche imperméable, en leur apportant un bénéfice immédiat, améliorait leur sol pour l'avenir ; ils autorisèrent les extractions à des conditions moins onéreuses. Le travail même de l'extraction en se régularisant et en s'étendant devenait moins coûteux. Enfin, le chemin de fer des Ardennes était ouvert ; il traversait les principaux gisements et réduisait, dans des proportions considérables, le prix des transports.

Toutes les difficultés préliminaires semblaient donc vaincues; l'industrie des phosphates entrait dans une voie de prospérité.

Malheureusement pour M. de Molon, il n'était pas appelé à trouver, dans un tel état de choses, la juste rémunération de ses sacrifices. Il avait englouti dans les recherches premières, dans les tentatives d'essai, dans les dépenses excessives d'une grande exploitation à son début, dans les distributions de phosphates qu'il avait dû faire gratuitement pour en encourager et en vulgariser l'emploi, non-seulement sa fortune, mais encore des sommes importantes qui lui avaient été prêtées par des parents, des amis dévoués, et qu'il doit encore aujourd'hui, de telle sorte qu'on peut évaluer à plus d'UN MILLION ce que lui a coûté, indépendamment de sa dépense d'activité personnelle, la création de l'industrie des phosphates.

Toutefois, malgré les difficultés de sa situation, elle pouvait s'améliorer par l'exploitation, devenue régulière et profitable, des phosphates à laquelle des brevets pris dès 1856 semblaient lui assurer un droit exclusif.

Mais la concurrence était en éveil. Des hommes qu'il avait employés, comme entrepreneurs des extractions, ne rougirent pas de se tourner contre lui; ils exploitèrent pour leur compte, et quand il voulut se plaindre, ils demandèrent l'annulation de ses brevets.

Un jugement du tribunal de la Seine du 9 juin 1860, et un arrêt de la Cour impériale de Paris du 17 mai 1861 contre lequel un pourvoi fut inutilement tenté à la Cour de cassation, tout en proclamant la grandeur du service rendu par M. de Molon, décidèrent que l'application directe d'une substance naturelle à la fécondation du sol n'était pas susceptible d'être brévetée ; en conséquence, l'annulation des brevets fut prononcée.

Dès lors, la situation de M. de Molon devenait irrémédiable, puisque tous étaient appelés à profiter sans risques et sans avances de ce qui lui avait coûté si cher. Il était désormais dans l'impuissance, non-seulement de réaliser des bénéfices, mais de réparer les pertes qu'il avait dû subir, et même d'acquitter son passif.

Vainement l'empereur exprima la pensée qu'il devait recevoir une large part dans les 40 millions destinés à être avancés à l'industrie au moment de la conclusion des traités de commerce ; vainement encore la commission chargée de se prononcer sur la distribution de ces 40 millions proposa de lui confier une somme qui pouvait encore le sauver. Votre Excellence, qui a toujours été bienveillante pour lui sait mieux que personne, par quelles causes toutes ces intentions favorables sont restées sans effet.

Tels sont les désastreux résultats auxquels a été fatalement conduit un homme honorable, un père de famille, dont le seul tort a été de se laisser entraîner par une grande pensée de bien public et de subordonner à son accomplissement, toutes les considérations personnelles. Il reste sans fortune, sans moyen même de faire honneur aux engagements qu'il a contractés !

Il est digne du gouvernement de l'Empereur, il est digne de Votre Excellence et des grands corps de l'État, de venir au secours d'une infortune si grande et si peu méritée.

Il ne nous appartient pas d'indiquer par quels moyens cette infortune pourrait être efficacement soulagée et quelle serait la mesure de la récompense nationale qui pourrait être accordée à M. de Molon.

Qu'il nous soit cependant permis de dire à Votre Excellence que s'il semblait impossible de reconstituer au profit de M. de Molon et de ses enfants la totalité de la fortune qu'il a généreusement sacrifiée au succès de sa découverte, il serait bien désirable qu'on pût le mettre à même de satisfaire au sentiment le plus vif qu'éprouve tout homme d'honneur en lui assurant le moyen d'acquitter ses dettes.

Il serait bien désirable aussi qu'une pension, réversible sur la tête de ses deux filles et de son fils, victimes du dévouement de leur père, vînt mettre sa vieillesse à l'abri du besoin et lui donner cette der nière consolation qu'au moins, après sa mort, ses enfants ne resteront pas dans le besoin.

Nous osons espérer que Votre Excellence voudra bien adopter une si juste cause et nous ne doutons pas qu'elle ne la fasse aisément triompher.

Nous n'ajoutons qu'un dernier mot : c'est que les privations et la souffrance ont déjà assailli cette malheureuse et intéressante famille et que Votre Excellence doublerait le prix du bienfait si elle voulait bien provoquer et obtenir une solution dans le courant même de la présente session.

Nous sommes avec un profond respect,

Monsieur le Ministre,

de Votre Excellence, etc., etc.

Signé : de RAYNAL,

1er Avocat général à la Cour de cassation.

Signé : VALETTE,

Secrétaire général de la Présidence du Corps Législatif.

Nous déclarons nous associer avec le plus vif empressement à la demande qui précède, et nous formons les vœux les plus sincères pour qu'elle soit favorablement accueillie par le gouvernement de Sa Majesté.

Signé : DUMAS,   Signé : ÉLIE DE BEAUMONT,

Membre de l'Institut,   Membre de l'Institut,
Président de la Société d'En-   Inspecteur général des
couragement.   Mines.

Signé : BOINVILLIERS,

Sénateur,
Ancien Président de la commission des
Prêts à l'Industrie.

L'expérience de huit années, faite sur une large échelle, dans les domaines impériaux, m'a permis de constater toute l'importance du phosphate de chaux fossile en agriculture et je considère, comme l'un des plus grands services qui lui aient été rendus dans les temps modernes, la découverte et les travaux de M. de Molon : c'est dire que je m'associe avec le plus grand empressement aux vœux formulés ci-dessus.

Signé : EUGÈNE TISSERAND,
Directeur des Domaines Impériaux.

Je certifie avec empressement que j'ai reçu de M. de Molon la communication de ses découvertes sur les gisements de phosphate de chaux en France et de ses idées sur leur emploi en Agriculture, à une époque où personne n'avait encore connaissance de ces faits qui trouvèrent incrédules beaucoup d'hommes compétents. M. de Molon est bien l'auteur de cette découverte et de ses applications.

Signé : FAVÉ,
Général,
Commandant l'École Polytechnique.

INSTITUT DE FRANCE

ACADÉMIE DES SCIENCES

Extrait des *Comptes-rendus des séances de l'Académie des Sciences,* t. LXXIX, séance du 28 décembre 1874.

RAPPORT

SUR LE CONCOURS DU PRIX MOROGUES

Agriculture;

Par **M. H. MANGON**

Ce prix, fondé par feu M. de Morogues, est décerné tous les cinq ans alternativement, par l'Académie des Sciences physiques et mathématiques, *aux travaux qui auront fait faire le plus grand progrès à l'Agriculture en France*, et par l'Académie des Sciences morales et politiques, *au meilleur ouvrage sur l'état du paupérisme en France et le moyen d'y remédier.*

(Commissaires : MM. Decaisne, Boussingault, Thenard, Peligot, H. Mangon rapporteur.)

L'acide phosphorique existe à l'état de phosphate dans les cendres de tous les végétaux et forme l'un des éléments les plus nécessaires à la fertilité des terres arables. Les produits exportés de chaque ferme enlèvent à la terre une certaine quantité de phosphates que les fumiers ordinaires ne lui rendent pas en totalité. Le poids de phosphates qu'il faudrait restituer chaque année, aux terres arables de la France, pour que leur richesse sous ce rapport se maintienne constante, est évaluée à près de 2 millions de tonnes, dont la plus grande partie doit être demandée aux gisements de phosphates minéraux.

La puissance fertilisante des phosphates sur presque tous les sols cultivés est maintenant universellement reconnue, et les agriculteurs français emploient dès à présent des quantités très-considérables de ce précieux engrais. A défaut de données statistiques officielles, on ne saurait indiquer exactement le chiffre de l'extraction annuelle des phosphates minéraux en France ; mais des évaluations, probablement inférieures à la vérité, permettent d'estimer de 150 à 200,000 tonnes, le poids des phosphates minéraux, réduits en poudre, que le commerce livre tous les ans à l'Agriculture au prix moyen de 50 fr. la tonne sur place.

L'accroissement de produits de toute sorte, obtenus par l'utilisation de cette masse d'engrais, se traduit chaque année par une valeur véritablement énorme ; car c'est le propre de l'industrie agricole de rendre au centuple ce qu'on lui prête en matières fertilisantes.

Les terrains privilégiés où se font les extractions des phosphates acquièrent une valeur inespérée.

Les extracteurs payent au propriétaire une redevance très-supérieure à la valeur du sol, et lui rendent la terre améliorée pour de nouvelles cultures par un défoncement poussé quelquefois à plus de 2 mètres de profondeur.

Cette industrie des phosphates minéraux, déjà si considérable par elle-même, si importante surtout par l'accroissement qu'elle assure à la production agricole de notre pays, est cependant d'origine toute récente. On connaissait, il est vrai, depuis longtemps l'action favorable des os broyés ou du noir animal sur la végétation ; mais ce fut seulement vers 1848 qu'on essaya, en Angleterre, de substituer les phosphates minéraux aux os broyés pour engraisser la terre. Ces essais, promptement couronnés d'un plein succès, furent peu remarqués dans notre pays, et aucun agriculteur français ne s'occupa, à cette époque, d'extraire pratiquement les phosphates de la profondeur du sol pour les répandre à la surface de ses terres, quoique l'existence de ces matières eût été signalée sur quelques points de notre territoire par Berthier, dès 1848, et, après lui, par plusieurs autres ingénieurs géologues.

Tel était encore l'état de la question de l'emploi des phosphates en agriculture, lorsque M. de Molon présenta à l'Académie des Sciences, le 29 décembre 1856 (1), un Mémoire sur la découverte de gisements de phosphate de chaux, assez réguliers et assez abondants pour être exploités industriellement, avec facilité et bénéfices. M. de Molon décrivait exactement, dans ce Mémoire, les principaux gisements des Ardennes, de la Meuse, de la Marne, de la Haute-Marne et de l'Yonne, qui forment encore aujourd'hui les plus grands centres des exploitations françaises, et il annonçait que les travaux commencés par ses soins donnaient lieu déjà à une exploitation considérable de phosphate de chaux.

Pour faire comprendre le mérite de ce premier Mémoire et pour établir la nouveauté réelle des faits qu'il signalait, il suffira de rappeler les doutes qui l'accueillirent et les discussions qu'il souleva. L'illustre Secrétaire perpétuel de l'Académie, M. Élie de Beaumont, qui aidait depuis longtemps M. de Molon de ses conseils et de ses encouragements, lui prêta l'appui de sa grande autorité et démontra toute l'importance de ses recherches pour l'Agriculture française.

Depuis plus de vingt ans, M. de Molon n'a pas cessé un seul instant de poursuivre la découverte de phosphates minéraux et de se dévouer à la propagation de ce précieux amendement. Négligeant

(1) *Comptes-rendus*, t. XLII, p. 1178.

ses intérêts personnels avec un désintéressement absolu, M. de Molon a parcouru la France dans toutes les directions pour découvrir des gisements de phosphates minéraux, ces pierres précieuses de l'Agriculture. On ne saurait nommer ici les nombreuses localités où cet infatigable chercheur a reconnu des gisements exploitables ; il suffira, pour montrer l'importance et l'exactitude de ses recherches, de signaler son dernier Mémoire du 6 janvier 1874, dans lequel il décrit avec précision, en s'aidant de cartes géologiques et de cartes cadastrales, les affleurements de l'immense dépôt de phosphates qui s'étend sous une partie du département du Calvados.

M. de Molon n'a pas écrit de Traité, proprement dit, sur les gisements de phosphates qu'il a découverts, ni sur l'emploi de ces matières minérales en Agriculture ; mais ses nombreux travaux sur ce sujet forment un ensemble très-intéressant : ses Communications à l'Académie (1), à la Société d'Encouragement pour l'Industrie nationale, ont, avec ses autres publications, puissamment contribué à propager l'emploi des phosphates fossiles.

Enfin M. de Molon a publié une Carte de France sur laquelle sont indiqués les gisements de phos-

______

(1) *Comptes-rendus*, t. XLII, p. 1178 ; t. XLVI, p. 233 ; t. XLIX, p. 200 ; t. XLIX, p. 468.

phates ; la plus grande partie des moulins servant au broyage de la matière ; les dépôts de tangues, de traëz, de maërls, de feldspaths et de kaolins. Cette Carte, très-complète en ce qui concerne les phosphates, donne une idée de nos richesses nationales en amendements minéraux de toute sorte ; elle fournit aux agriculteurs les plus utiles indications pratiques, et aux savants le programme d'une série de recherches du plus haut intérêt pour le développement de notre production agricole.

M. de Molon a présenté, à chacune de nos grandes expositions, des collections de phosphates et de grandes Cartes des gisements qu'il a découverts. Ces échantillons, savamment disposés, ont, pour leur part, fortement attiré l'attention des jurés et du public sur le grand intérêt des recherches relatives aux phosphates fossiles.

En résumé, M. de Molon a signalé, dès 1856, l'existence en France de gisements de phosphate de chaux pratiquement exploitables pour les besoins de l'Agriculture. Par ses découvertes de dépôts importants de ces matières, par ses ouvrages, par la publication de Cartes indiquant la position des phosphates et des usines qui les préparent, par son active propagande enfin, M. de Molon a concouru de la manière la plus efficace à répandre l'emploi, si général aujourd'hui, des phosphates minéraux pour la fertilisation des terres arables.

D'après ces considérations, la Commission a été d'avis, à l'unanimité, de décerner, pour l'année 1873, le prix fondé par M. de Morogues à M. DE MOLON, pour ses recherches relatives aux gisements, à l'exploitation et à l'emploi des phosphates minéraux.

NOTE

SUR L'IMPORTANCE DES TRAVAUX ET DÉCOUVERTES

De M. de MOLON

ET SUR LEUR INFLUENCE AU POINT DE VUE AGRICOLE ET COMMERCIAL

Par M. TISSERAND,

Directeur de l'Enseignement supérieur de l'Agriculture.

Les témoignages publics accordés à M. de Molon par les hommes les plus éminents et les plus compétents à la fois (1); les rapports officiels dont il a été l'objet (2); les attestations des agriculteurs aussi bien que des économistes relativement aux avantages considérables que l'agriculture retire de ses découvertes (3); les hautes récompenses que lui ont accor-

(1) M. Dumas, secrétaire perpétuel de l'Académie des sciences, p. 39. Tome II de l'Enquête officielle sur les engrais.

M. Élie de Beaumont, secrétaire perpétuel de l'Académie des sciences, Rapport officiel.

MM. de Gasparin, Chevreul, Becquerel, Boussingault, Payen, pièce n° 5, Malaguti, Bobierre, etc.

(2) Rapport de M. de Mauny de Mornay, comme directeur de l'Agriculture. Rapport de M. Hervé Mangon, de l'Institut, relativement au grand prix de Morogues.

(3) Rapport de MM. Pommier, Barral, Baudement, membres de

dées les Jurys des Expositions de 1860 et de 1867 et tout récemment l'Académie des sciences (1) constatent d'une manière éclatante le mérite exceptionnel des travaux et des découvertes de M. de Molon.

Mon intention ne saurait être de suivre M. de Molon dans toutes les phases de son existence et de ses travaux; je me trouverais dans la nécessité de répéter les détails contenus dans les remarquables rapports de MM. Élie de Beaumont, secrétaire perpétuel de l'Académie des sciences, de M. de Mauny de Mornay, ancien directeur général de l'agriculture, et dans plusieurs notices imprimées (2). Je ne m'attacherai qu'à sa principale découverte, celle des phosphates minéraux, parce que celle-ci l'emporte sur toutes les autres et constitue à elle seule, pour M. de Molon, des titres impérissables à la reconnaissance du pays.

J'ai fait emploi, dès les débuts (1857), pendant un certain nombre d'années, de plusieurs centaines de milliers de kilogrammes de poudre de phosphate de chaux dans les divers domaines que j'ai eu l'honneur de diriger, j'ai suivi pas à pas les progrès de l'application à l'agriculture de cette substance, tant en France qu'à l'étranger; je viens encore récem-

la Société centrale d'Agriculture. Rapports des membres du Conseil général et agriculteurs du Finistère.

(1) Voir l'Annexe, pages CXLVII et suivantes.
(2) Voir l'Annexe, pages CXIII et suivantes.

ment de parcourir les principaux gisements en exploitation ; je puis dire hautement que la découverte des phosphates minéraux a doté la France d'une industrie qui peut prendre place à côté de nos plus riches exploitations minières, qu'elle a été, pour son agriculture, un fait véritablement providentiel et qu'elle constitue l'un des plus grands services qui aient été rendus au pays dans ce siècle.

C'est en 1856, dans un mémoire présenté à l'Académie des sciences (1), que M. de Molon fit pour la première fois connaître le résultat de ses recherches de phosphate minéral.

Avant lui, un géologue français, M. Berthier, avait, en 1821, signalé l'existence de cette substance dans les terrains crétacés des environs du Havre ; M. Élie de Beaumont avait fait, un peu plus tard, une découverte analogue sur d'autres points ; Buckland, à son tour, avait trouvé des coprolithes en Angleterre, mais ces découvertes étaient restées dans le domaine de la géologie pure ; on n'avait jamais songé que cette richesse minérale fût susceptible d'exploitation. Cependant, à cette époque déjà, on savait que le noir animal et la poudre d'os produisaient, comme engrais, des effets remarquables ; dès 1832, on avait fait l'essai de la première

____

(1) Voir l'Annexe, pages xxix et suivantes.

substance dans les cultures de la Bretagne ; pour la mise en valeur des landes, on avait reconnu qu'aucun engrais ne produisait d'aussi merveilleux résultats ; en Angleterre et en Saxe, l'emploi de la poudre d'os avait créé une véritable révolution agricole, en restaurant les terres fatiguées de ces pays, en leur rendant une puissance de production qu'elles semblaient avoir perdue à tout jamais. Aussi, la consommation de ces matières fertilisantes avait été croissante, à ce point, qu'après avoir utilisé tout ce qu'il y avait d'os en Europe, on était allé à la recherche de squelettes de bœufs et de moutons que les boucaniers de la Plata et les éleveurs de l'Australie laissaient depuis de longues années gisant sans emploi dans les vastes solitudes des nouveaux continents ; l'exploitation des gisements de guano riches en phosphate était poussée avec une grande activité ; la demande de poudre d'os allait cependant toujours en augmentant, et des industriels, poussés par l'appât du gain, en étaient venus à ne pas reculer devant la violation de ce qu'il y a de plus sacré, les sépultures des soldats morts sur les champs de bataille !.....

Jusqu'en 1850, on n'avait cessé de demander la matière phosphatée aux substances d'origine animale et comme on voyait leur source sur le point de tarir, on se demandait, non sans un certain effroi, avec un illustre géologue, si notre civilisation n'était pas, par suite de l'épuisement de nos terres en acide phosphorique, condamnée à disparaître comme celles de Babylone, de la Sicile, etc., etc.... L'exploitation des phosphates fossiles est heureusement venue nous sauver du danger.

De grands dépôts d'apatite avaient été signalés dans l'Estramadure et en Norwége ; on essaya ces substances après les avoir réduites en poudre et traitées par l'acide sulfurique ; on fit les mêmes expériences en 1850 avec des phosphates fossiles du Sussex : les résultats furent favorables ; mais ces tentatives passèrent inaperçues en France. Il y avait, au reste, un homme qui travaillait pour elle, qui, depuis 1836 la parcourait en tous sens, opérait, sur mille points différents, des sondages, cherchait à la doter de gisements de phosphates de chaux autrement importants que les quelques lambeaux qui venaient d'être signalés en Angleterre. Cet homme, c'était M. de Molon.

Quand il vint à l'Académie signaler l'existence des gisements considérables de phosphates de chaux qu'il avait découverts dans 40 départements, ce n'était pas un fait fortuit et de pur hasard qu'il annonçait, c'était l'œuvre de longues années de travail ; c'était le fruit de 20 années de recherches patientes, assidues et coûteuses !..... M. de Molon ne se con-

tenta pas, en effet, de signaler la présence du phos-
phaste de chaux sur un grand nombre de points,
dans 40 départements ; il constata et fit voir que les
gisements de phosphate de chaux ne constituent pas
des amas épars et indépendants, mais qu'il existe
entre eux des liens de continuité et qu'ils forment
des couches régulières d'une exploitation facile et
avantageuse. Les affleurements en furent indiqués
sur une carte; du premier coup ils signalaient un
gisement situé entre Novion-Porcien (Ardennes) et
Saint-Florentin (Yonne) n'ayant pas moins de
300 kilomètres de long sur 1,000 à 10,000^m de large
et capable de fournir, par une exploitation à ciel
ouvert, près d'un milliard de mètres cubes de phosphate de chaux.

M. de Molon annonçait en même temps ce fait
important et nouveau, que les phosphates minéraux
pour être assimilables par les plantes n'ont pas besoin d'être traités par un acide, qu'il suffit qu'ils
soient réduits en poudre impalpable.

Enfin, voulant couronner son œuvre, M. de Molon
n'hésita pas à se lancer dans les chances de la création de l'industrie des phosphates de chaux. Il en-
treprit l'exploitation industrielle des phosphates
minéraux.

Comme beaucoup d'inventeurs qui ont été les
bienfaiteurs de leur pays, M. de Molon n'a pas

trouvé dans sa création, la juste récompense à laquelle son travail et ses belles découvertes lui donnaient tant de droits.

Aux difficultés matérielles qui accompagnent toujours les débuts de toute entreprise nouvelle se joignirent de violentes oppositions : un petit nombre d'hommes d'élite, et parmi eux il faut citer M. Élie de Beaumont, cherchaient à le soutenir, mais il fut l'objet d'attaques passionnées du plus grand nombre.

Ne pouvant contester le fait de l'existence de la richesse minérale révélée par M. de Molon, on en vint à en nier la valeur et on contesta l'efficacité de la poudre de Nodules à la fumure des terres. Pendant 4 ans M. de Molon eut ainsi à lutter contre le mauvais vouloir des uns, les hostilités sourdes des autres ; il perdit, dans cette lutte, sa fortune (1), mais non sa foi dans son œuvre et son courage : après 4 ans d'efforts, la démonstration de ses idées était complète, la vérité était devenue manifeste ; les effets de la poudre de phosphate de chaux étaient constatés d'une façon irréfutable ; les landes de Sologne, de Gascogne, de Bretagne et du centre, avaient

(1) M. de Molon dut, pour faire faire des expériences, vendre à perte plusieurs millions de kilogrammes de phosphate de chaux. Il fit exploiter 34,211 tonnes de nodules de 1856 à 1858. — Une faillite dont il fut victime faillit compromettre l'industrie naissante. — M. de Molon sauva l'exploitation, mais perdit plus de 800,000 fr.

enfin l'engrais économique et avantageux qui leur convenait pour leur mise en valeur. — L'exploitation du phosphate de chaux avait pris rang parmi les industries régulières et stables et plus de 50 usines étaient établies pour l'extraction et la préparation des phosphates demandés par l'agriculture.

Le moment semblait venu pour M. de Molon de reconstituer sa fortune perdue et de trouver enfin le fruit de son labeur, mais de nouveaux déboires l'attendaient : un arrêt de la cour de Paris, tout en lui rendant pleine justice, lui enleva la propriété des gisements qu'il avait découverts, parce que la loi du 21 avril 1810 ne comprend pas les couches de phosphate de chaux parmi les mines susceptibles de concession ; l'existence de cette substance n'étant pas même soupçonnée à l'époque où la loi sur les mines fut rédigée !...

M. de Molon dut, dès lors, abandonner l'exploitation industrielle des phosphates minéraux, mais il n'en a pas moins continué ses recherches des gisements exploitables, et chaque année il a pu accroître l'importance de nos richesses connues. Ainsi il a successivement signalé l'existence d'importants gisements de phosphates minéraux dans le département du Pas-de-Calais où ils sont devenus un centre d'exploitation : dans les Alpes-Maritimes, dans la vallée de Clarc, dans la Côte-d'Or, dans la

Haute-Saône, dans le Jura, l'Isère, l'Ain, la Drôme, la Nièvre, la Seine-Inférieure près de Neufchâtel et enfin dans le Calvados, sur le bord de la mer et dans une zone qui longe le chemin de fer de Caen à Bayeux.

La dernière découverte a été digne de ses débuts. Les dépôts du Calvados dont il vient de révéler l'existence n'ont pas une superficie moindre de 48,000 hectares; ils renferment une réserve de phosphate minéral qui est estimée à 150 milliards de kilogrammes. C'est 7 milliards et demi de francs que M. de Molon vient d'ajouter ainsi à la fortune de la France !....

Quant à l'exploitation industrielle des phosphates minéraux, elle a suivi depuis une marche progressive régulière ; les usines pour la pulvérisation des nodules se sont multipliées ; on en compte de 70 à 80 aujourd'hui, l'extraction du phosphate est partout très-active, elle n'occupe pas moins de 3,000 ouvriers; on ne rencontre plus seulement des exploitations de phosphate à ciel ouvert, il y en a qui procèdent au moyen de galeries pour atteindre les couches profondes. Certains chemins de fer, entre autres celui de Verdun à Sainte-Menehould, sont alimentés presque uniquement par les transports du phosphate minéral.

« L'exploitation des phosphates de chaux, dit

« M. Nivoit, Ingénieur des mines, dans un rapport
« adressé au conseil général de la Meuse, s'étend
« pour ainsi dire d'une manière continue sur les af-
« fleurements des sables verts dans 31 communes
« du département de la Meuse, et sa production
« annuelle dépasse 41 millions de kilogrammes en
« donnant du travail à 920 ouvriers. »

Dans le département des Ardennes, l'exploitation
atteint le chiffre de 20,000 tonnes par an et occupe
de 350 à 400 ouvriers.

L'exploitation s'est propagée dans d'autres départements encore ; mais toujours sur les gisements
signalés par M. de Molon ; dans le Pas-de-Calais,
une compagnie importante extrait et pulvérise environ 27,000 tonnes de nodules ; dans la Drôme,
l'exploitation porte sur 15 à 18,000 tonnes.......

Enfin, d'après M. Thénard, de l'Institut, une
compagnie américaine emploierait une force de
600 chevaux à la perte du Rhône près de Belgarde
pour pulvériser les nodules qu'elle fait extraire dans
le pays (1).

Les travaux de M. de Molon n'ont pas seulement
exercé une grande influence en France et jeté les

(1) L'exploitation du phosphate minéral a lieu aujourd'hui
dans 13 départements, savoir : Ardennes, Meuse, Marne, Haute-
Marne, Cher, Nièvre, Allier, Ain, Drôme, Aveyron, Lot, Tarn-
et-Garonne ; prochainement elle le sera dans le Calvados, l'Eure-
et-Loir et la Sarthe.

bases d'une industrie devenue très-prospère. Ils ont été le point de départ de recherches et de découvertes tout aussi importantes dans les pays étrangers ; c'est l'examen de ses échantillons et de ses cartes, à l'exposition agricole internationale de Cologne, en 1865, qui a amené les Allemands, les Autrichiens et les Russes à faire des recherches analogues dans les terrains similaires : c'est donc grâce à lui qu'ils sont arrivés à découvrir et à exploiter des gisements de phosphate minéral qui sont pour eux une source de richesse.

Les documents nous manquent pour apprécier à leur juste valeur les résultats de l'exploitation des phosphates minéraux et l'importance de l'industrie créée en France par M. de Molon ; toutefois, les évaluations les plus réduites n'estiment pas à moins de 200 millions de kilogrammes la quantité de phosphate minéral livrée annuellement par l'industrie française à l'agriculture.

Arrêtons-nous un moment sur ce chiffre et voyons ce qu'il représente.

Le phosphate de chaux réduit en poudre valant sur place 50 francs la tonne, le produit annuel de l'exploitation industrielle représente donc une valeur de 10 millions de francs.

Cette somme se répartit à peu près de la manière suivante :

1 million à la propriété foncière ;

4 millions 500,000 fr. au travail à titre de salaire;

1 million pour le transport au lavoir et du lavoir à l'usine;

2 millions pour les usines;

1 million. 1/2 pour les frais généraux et les bénéfices du commerce.

A cette somme de 10 millions il faut ajouter encore au moins 2 millions payés aux chemins de fer, aux canaux et au cabotage pour le transport du produit jusqu'aux lieux de consommation.

Ces 200,000 tonnes de phosphates de chaux employés par l'agriculture donnent une augmentation de produits qui ne peut être estimée à moins de 3 millions de quintaux métriques de grain valant 55 millions de francs au plus bas mot, et en cela je prends 1/5 à peine de la plus-value indiquée par Liébig (page 144, vol. 1, Les lois naturelles de l'agriculture), comme correspondant à l'emploi de la poudre d'os.

Ainsi, bénéfice pour la propriété foncière de 1 million de francs par an, accroissement de 50 à 60 millions de produits annuels pour la consommation publique, bénéfice pour l'agriculture de 20 à 30 millions, 4 à 5 millions de salaires assurés au travail national, plus de 2 millions de transport pour nos chemins de fer, nos canaux et notre cabotage. Tels sont les résultats annuels de l'industrie des phosphates de chaux dans l'état actuel des choses.

Et cette industrie est loin d'être passagère ; elle a un avenir plus largement assuré qu'aucune de nos plus solides industries minières.

En ne tenant compte, en effet, que des trois grands gisements découverts par M. de Molon dans la Meuse, les Ardennes et le Calvados, nous y trouvons une masse de phosphate de chaux pour ainsi dire inépuisable.

D'après les calculs de M. Nivoit, le sol du département de la Meuse renfermerait encore aujourd'hui en état d'être exploitées 80 millions de tonnes de phosphate de chaux minéral. Le département des Ardennes doit en posséder 20 millions de tonnes au minimum.

Les calculs de MM. de Molon et Guillier portent à 150 millions de tonnes la quantité de nodules renfermée dans les gisements exploitables du Calvados.

Les gisements de la Meuse, des Ardennes et du Calvados contiendraient donc ensemble 250 millions de tonnes de phosphate de chaux à la disposition de l'agriculture et de l'industrie : c'est une valeur de 12 milliards et demi de francs que l'industrie a à retirer du sol et qui, placée entre les mains des cultivateurs, apportera 50 milliards de francs en excédant de production.

Cette réserve de phosphate minéral renferme le phosphore nécessaire à la production de 50 milliards de quintaux métriques de blé.

M. Élie de Beaumont a calculé que, depuis le temps des Celtes jusqu'à notre époque, le phosphate qui a été emprunté au sol et non rendu par les générations qui se sont succédé sur le territoire français, s'élève à 2,000,000 de tonnes; on voit que les découvertes de M. de Molon nous mettent à même de restituer largement au sol de la patrie sans avoir à troubler l'asile des tombeaux qu'un pieux sentiment nous fait conserver précieusement. La centième partie de ce que renferment les gisements découverts y suffirait, tout en pourvoyant encore aux pertes annuelles de notre génération, lesquelles, pour une population de 40 millions d'habitants, ne doivent pas dépasser 6 à 7,000 tonnes par an.

Si nous supposons d'autre part (avec MM. Dumas et Malagutti), que 2 millions de tonnes de phosphate fossile soient nécessaires pour assurer notre production agricole et compenser le déficit de nos fumiers en acide phosphorique, nous trouvons que les 250 milliards de kil. de phosphate de chaux signalés par M. de Molon dans les trois gisements ci-dessus indiqués, suffisent pour la consommation agricole et pour l'alimentation des usines actuelles de phosphate minéral avec toute leur activité présente pendant 125 ans : qu'on ajoute à ces 3 dépôts ceux qu'il a découverts dans 30 autres de nos départements et on verra que l'exploitation pendant plusieurs milliers d'années, sera insuffisante pour épuiser nos approvisionnements et qu'en ce qui concerne le phosphate de chaux nous n'en manquerons jamais.

Ces chiffres et ces faits n'ont pas besoin de commentaires; ils montrent la grandeur de l'intérêt qui s'attache à la découverte des gisements de phosphates minéraux et la grandeur du service rendu au pays par M. de Molon.

Est-il convenable, est-il juste que l'homme qui s'est ruiné pour doter son pays d'une industrie qui rapporte à l'agriculture annuellement une augmentation de 40 à 50 millions de produits, qui lui a révélé l'existence d'un capital de 12 à 15 milliards, qui, par ses découvertes, a permis à l'agriculture de prendre un nouvel essor et de conquérir sûrement et économiquement des milliers d'hectares de terres, de landes incultes, reste victime de son dévoûment et l'auteur du malheur de ses enfants? Le pays ne le voudra certainement pas! Il acquittera sa dette, nous en avons pour garant les considérations élevées que M. Bert a développées dans son rapport remarquable sur M. Pasteur.

Telles sont mes appréciations sur les travaux et les découvertes de M. de Molon et ce serait pour moi un bien grand bonheur si elles pouvaient contribuer, pour une faible part, à lui faire rendre la justice qui lui est due.

Paris, le 15 avril 1875.

Signé : Eugène TISSERAND.

ASSEMBLÉE GÉNÉRALE

DE LA SOCIÉTE DES AGRICULTEURS DE FRANCE

Séance du 21 Février 1877.

VŒU ÉMIS PAR ACCLAMATION

QU'UNE RÉCOMPENSE NATIONALE SOIT ACCORDÉE A M. DE MOLON

L'AGRICULTURE RECONNAISSANTE

Un fait vient de se produire qui honorera la Société des Agriculteurs de France. Sur les conclusions d'un rapport qui lui a été présenté, dans sa séance générale du 21 février dernier, elle a demandé qu'une récompense nationale fût décernée à M. de Molon, en raison des services qu'il a rendus comme initiateur de l'utilisation agricole des phosphates fossiles ou coprolithes.

A la découverte de M. de Molon se rattache, en effet, le point de départ de l'une de nos plus belles révolutions agricoles, car c'est de là surtout que date la généralisation des engrais minéraux. On savait que le phosphate de chaux est l'un des éléments essentiels de l'alimentation végétale, mais on voyait chaque année, en même temps que l'accroissement des besoins de l'agriculture relativement au phosphate, se manifester l'épuisèment des sources où pouvait se trouver l'indispensable engrais phosphaté. On prévoyait avec inquiétude que les poudres d'os, en ce temps-là les seules sources connues de la matière phosphatée, seraient bientôt insuffisantes, dût-on rendre à la circulation organique les ossements accumulés dans les sépultures jusque-là très-heureusement respectées. Et tandis que l'équilibre se détruisait d'année en année entre les dépenses et les recettes du sol en ce qui concerne les phosphates, il y avait, dans certaines terres et à très-petites profondeurs, des couches du précieux engrais minéral qui n'attendaient que le premier coup de pioche du mineur pour arriver en masse à l'agriculture. Eh bien, ce premier coup de pioche, c'est M. de Molon qui l'a donné.

Mais que d'épreuves, que de luttes pour faire apprécier cette poudre obtenue par le broiement des cailloux extraits de la terre des Ardennes ! On disait que semer cette poudre sur les champs cultivés, c'était absolument comme si l'on voulait semer de la silice pure. On riait, on se moquait du novateur. Sa poudre grise était déclarée inassimilable par les plantes.

M. de Molon tint bon. Il distribua gratuitement des sacs de phosphate. Il demanda qu'on fît parler la terre et les récoltes. Il s'en remit à l'opinion des plantes, et bientôt de la Sologne, de la Bretagne, du Berri, des landes de Gascogne, lui arrivèrent des réponses qui, toutes, proclamèrent l'excellence du phosphate fossile. On était alors sous le régime des défrichements de landes avec l'emploi du noir animal, qui faisait dépendre l'agriculture landaise de la quantité constamment décroissante, et dès lors bientôt insuffisante, des os employés à la fabrication des noirs de raffineries. L'engrais phosphaté ne se soutenait en rapport avec la demande qu'en s'additionnant de matières plus ou moins inertes. M. de Molon parut avec ses phosphates minéraux, et en même temps qu'il constitua une industrie minière appelée à un grand avenir, il affranchit l'agriculture d'une exploitation qui, en plus d'une circonstance, donna lieu aux fraudes les plus répréhensibles. Il fut reconnu que dans la région des landes siliceuses et granitiques, le phosphate minéral agit sans addition d'acide, et que, dans les terres épuisées par une ancienne exportation de phosphates, il agit à l'état de superphosphate. Le succès fut donc complet. Ce n'est pas trop dire qu'il a puissamment contribué à propager dans nos campagnes l'emploi des engrais plus ou moins chimiques qui, aujourd'hui, sont regardés comme les compléments indispensables de la plupart des fumiers de ferme. Je me rappellerai toujours les rires moqueurs des paysans de Sologne, lorsqu'en 1857, M. de Molon m'ayant envoyé deux sacs de phosphate, je semai pour la première fois la poudre grise à Cerçay. Maintenant, ils ont vu, ils sont convertis. Comme dans les pays de landes, le phosphate a fait une véritable révolution en Sologne. Avec une dépense de 30 à 35 fr. par hectare, il permet d'obtenir des récoltes pour lesquelles il fallait autrefois dépenser de 60 à 70 fr. de noir animal...

La Société des Agriculteurs de France a compris que toute notre agriculture nationale a profité de la découverte de M. de Molon. Voici le rapport que nous avons présenté et dont elle a approuvé les conclusions après avoir entendu, en commission et en séance publique, MM. Drouyn de Lhuys, de Dampierre, Thénard et de Rougé :

« Messieurs,

« C'est au nom de votre première section et de votre commission des engrais, dont le vote a été émis à l'unanimité, que je viens vous demander de vous associer à une œuvre de reconnaissance pour de grands services rendus à l'agriculture. Un homme d'initiative, M. de Molon, a doté la France d'une industrie minière qui, d'après les évaluations les plus réduites, livre chaque année à l'agriculture 200 millions de kilogrammes de phosphate minéral, représentant une valeur totale de 10 millions de francs.

« M. Tisserand, inspecteur général de l'agriculture et directeur de l'enseignement supérieur d'agriculture, estime que cette somme se répartit de la manière suivante :

« 1 million à la propriété foncière.

« 4 millions et demi en salaires.

« 1 million de transport au lavoir et du lavoir à l'usine.

« 2 millions pour les usines à pulvérisation.

« 1 million et demi pour frais généraux et bénéfices du commerce.

« A cette somme de 10 millions s'ajoutent environ 2 millions payés aux chemins de fer et canaux pour transport des pays de provenance, aux pays de destination.

« M. de Molon a, pour ainsi dire, créé de toutes pièces une industrie essentiellement française, non-seulement parce que notre pays est ou peut devenir une mine très-productive de phosphates fossiles, mais encore parce qu'il a mis notre économie rurale en situation de restituer au sol le phosphate que lui enlèvent les récoltes de chaque année. Il n'y a pas que notre immense région de landes, de bruyères et d'ajoncs, qui soit fortement intéressée dans cette question des phosphates, il y a aussi notre ancien territoire cultivé où, pour appliquer la loi de la restitution au sol, l'agriculture a de plus en plus besoin de superphosphates, c'est-à-dire de phosphates avec addition d'acide. Il est donc permis de regarder la découverte des nombreux gisements de phosphate minéral qui abondent sur divers points de la France, notamment dans le Nord-Est, comme l'une des conquêtes contemporaines qui ont le plus contribué à l'accroissement de notre richesse nationale par l'agriculture. Et si la science a, dans cette voie comme dans beaucoup d'autres, fourni tout d'abord les plus précieuses indications, il faut convenir que M. de Molon, digne applicateur des idées scientifiques émises par les Berthier et les Élie de Beaumont, a été le grand promoteur de l'utilisation agricole des phosphates. Il a fait sortir la question du domaine de la géologie pure, et c'est à force de voyages d'explorations, à force de sondages, à force de distributions gratuites, à force de sacrifices de temps et d'argent, qui ont même compromis sa fortune, qu'il a aujourd'hui la satisfaction de voir son œuvre élevée à la hauteur de l'une des plus fécondes découvertes du siècle. D'autres ont trouvé la loi de l'épuisement des phosphates par les récoltes. Son apport à lui, c'est d'avoir donné à l'agriculture le moyen de réparer cet épuisement en mettant dans la circulation végétale une matière minérale qui, jusque-là, gisait à l'état de non-valeur dans certaines terres seulement. C'est là, messieurs, une grande chose.

« Déjà de hautes récompenses ont été accordées à M. de Molon. Plusieurs rapports officiels, et spécialement ceux de M. de Mauny de Mornay et de M. Tisserand, ont mis en relief ses travaux. Nos savants les plus autorisés, MM. Dumas, Chevreul Elie de Beaumont, Boussingault, Malaguti, lui ont rendu justice. Ce matin même, devant la commission des engrais, qu'il présidait, M. le baron Thénard a rappelé que notre illustre et regretté géologue, Élie de Beaumont se plaisait à dire que l'homme qui l'avait mis sur la voie dans ses études sur les gisements de phosphates, et qui devait être regardé comme le véritable initiateur, comme l'auteur de la découverte, était M. de Molon. Il n'est donc point étonnant, Messieurs, que M. de Molon ait obtenu plusieurs grands prix dans nos expositions universelles, et que tout récemment l'Académie des sciences lui ait décerné le prix de Morogues, qu'elle n'accorde qu'aux services les plus éclatants rendus à l'agriculture.

« Les travaux de M. de Molon datent de 1836. Ils

sont de ceux qui n'enrichissent pas les chercheurs d'avant-garde. Mais l'agriculture reconnaissante n'oubliera pas que, si désormais elle dispose abondamment d'une matière fertilisante, sans laquelle les autres matières employées comme engrais perdraient une partie notable de leur effet utile, c'est à M. de Molon surtout qu'elle en doit le bienfait. M. de Molon a bien mérité de l'agriculture française, et c'est sous l'empire de ces convictions et de ces sentiments que nous venons demander à la Société d'émettre le vœu suivant :

« La Société des agriculteurs de France, considérant l'importance des services rendus à l'agriculture par M. de Molon, le promoteur de l'utilisation agricole des phosphates, émet le vœu qu'une récompense nationale soit accordée à M. de Molon. »

Après la lecture de notre rapport, M. Drouyn de Lhuys a ajouté :

« Messieurs,

« On dit que la terre est reconnaissante; on peut « ajouter qu'elle communique cette vertu à ceux qui « la cultivent : les agriculteurs n'oublient pas les ser- « vices qu'ils ont reçus. Voici une bonne occasion « d'en donner un éclatant témoignage en votant par « acclamation la proposition qui vous est faite d'é-

« mettre le vœu qu'une récompense nationale soit
« accordée à M. de Molon. »

L'assemblée a voté par acclamation les conclusions du rapport.

E. Lecouteux,

Secrétaire général.

Coulommiers. — Typog. ALBERT PONSOT et P. BRODARD.